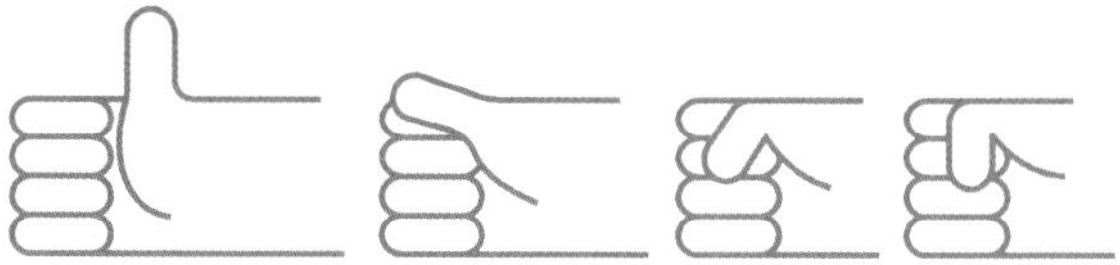

有技巧的努力

回報翻倍！

塚本亮——著
蔡麗蓉——譯

50個贏家思維陪你做對選擇，工作、人際關係、生活從此不再精神內耗

努力が「報われる人」と「報われない人」の習慣

【前言】

有人說「努力必有回報」，也有人說「努力不一定會成功」。

你的看法又是如何呢？

手上握有這本書的你，肯定是做事認真的人。雖然每天都用自己的方式，在工作、學校或私生活上十分努力，卻不覺得努力就有回報對不對？

我會決定寫這本書，就是因為我發現身邊有許多像你這樣做事認真的人，卻不認為努力就會有所回報。

二〇二二年冬天，正值我在創作本書的當下，卡達舉辦了世界盃足球賽。當時力拼晉級八強的日本隊，在預賽中大爆冷門擊敗足球強國的壯舉，引發舉國沸騰，可惜最後在十六強賽的 **PK** 戰中，敗給了克羅埃西亞。

我相信每一位選手都為了這場大賽，付出了無以復加的努力。從中學到的教訓是，單靠努力並無法達到期望中的成果。尤其在金字塔頂端更是如此。肯定會有單靠努力也無法克服的瓶頸。或許還需要與生俱來的天賦，或是後天的因素，還有運氣也會造成影響。

雖然努力是為了達到預期成果的一種手段，但是正確來說，努力並不代表一切。

請大家想像一下登山的情景。

攻頂路線不只一條。必須從中選出一條路線攻頂才行。即便選擇了最短的路線，還是可能因坍方⋯等無法預料的意外而不得不折返。

好好努力之前，必須先做出好的選擇。你得決定你要選擇什麼，不要選擇什麼。而且假設你遇到問題，最後並沒有達成攻頂的目標，你會如何看待這個結果呢？你會覺得白費力氣了？還是從中學到什麼得以在下次善加活用？說不定並不是努力沒有回報，只是你覺得沒有回報而已。只要改變觀點，你眼中的景色也許就會不同。

小時候的我不會讀書，補習班一家換過一家。不但是全年級最胖的學生，運動也不拿手。雖然我盡力了，卻拿不出任何成績，讓我開始覺得：「自己什麼事都做不好」。這就是心理學上所謂的「**習得性失助**（Learned helplessness）」，當時我認為就算再努力，情況也不會好轉，全都是因為頭腦不聰明的關係。

但是事實並非如此，我只是不知道好好努力的方法。

發現好好努力的方法之後，我的成績開始突飛猛進，最後成為劍橋大學研究所的學生。雖然如今在工作上還是遭遇許多失敗，但是我只要檢討努力的方法，就能讓情況好轉。

重點在於，不要盲目行事，而要好好努力。

關鍵就是，不要逼自己太緊，而是做明智的努力。

首先我想透過這本書，告訴大家好好努力應該怎麼做，沒有好好努力又是什麼情形。

另外我還想分享一些訣竅，希望大家學會這幾個觀念及方法之後，只需要一點努力就能看到成果。

讀完這本書後，相信大家就會察覺到「努力必有回報」與「努力沒有回報」，僅有毫釐之差。

這次世界盃足球賽擔任日本隊總教練的森保一先生，約莫在三十年前身為日本隊一員時，僅差一步就能進軍世界盃決賽圈，當時讓他吞下了敗仗的眼淚。

如果他當時放棄了一切，想必現在也無法率領日本隊，以晉級八強為目標了。

而且這次在十六強止步的選手們，也已經開始為下一次的比賽做努力了。

如果你總是覺得努力沒有回報，現在就讓我為你帶來充滿希望的明天吧！

無論從何時開始，永遠不嫌晚喔！

塚本亮

目錄 contents

第2章 努力必有收穫的正確做法

第3章 工作備受好評的秘訣

第4章 通過！完成！勝利！

第5章 不可破壞的人際關係

第6章 開創未來的生活習慣

第 1 章

努力沒有回報的人
容易陷入的
思考陷阱

01

努力

必有回報的人**認為努力只是一種手段，**沒有回報的人**認為努力是必須。**

努力的人最美，大家對這點都毫無異議。

只不過，你現在所做的努力正不正確，仍有檢討的空間。至於正確或不正確，該如何定義呢？

是想讓誰看見你努力的姿態嗎？是想展現成果嗎？

似乎有必要根據你的目的，**在一開始思考一個問題：究竟需不需要努力？**

常見到許多人，將「努力」這件事變成一個目標。

認為「無論如何都必須努力」、「只要努力就會一帆風順」，一直逼自己努力。越是這樣的人，往往會沉醉於「十分努力」的自己，對自己「十分努力」這件事感到滿足。

你現在是為了什麼而努力呢？

努力的人最美，但是並不表示不顧一切全力以赴就是好事。「自己想做什麼」、「想要達成目標應該怎麼做」，當你釐清這幾點之後，如果努力是必要的手段，努力才有意義不是嗎？

比方說，過去曾有人公開分享「長期讓孩子食用市售的離乳食品」的看法，結果反對聲浪此起彼落，遭到眾人一陣撻伐。有人還在 Twitter 上推文表示，「將冷凍食品端上餐桌就是一種『偷懶』的行為」，一度引發熱議。

這讓我想起在英國留學時，曾經聽過這樣的笑話：「英國媽媽的味道就是微波爐的味道。」

英國並沒有日本這樣的料理文化。住在英國的時候，最令我震驚的就是超市裡冷凍庫擺放的比例，我覺得應該有高達一半左右。

儘管如此，我的英國友人們還是健康地長大成人了。

坦白說，一個人的時間及能量是有限的。

對於努力工作養育孩子而筋疲力盡的人來說，如果連下廚做飯都要全力以赴的話，真的有意義嗎？每天親自下廚努力做飯，真的是正確的做法嗎？

如果凡事都必須努力，結果父母親因為這種壓力影響心理健康，對於孩子的健康也無暇顧及了。

而且有些人還覺得，有必要讓其他人體會一下自己經歷過的辛苦。

但是這麼做的話，時代就無法進步了。

舉例來說，如果想正確計算出多少錢，與其用人工一張兩張地數，倒不如用點鈔機會算得更快更正確。相信不會有人因為你用機器點鈔，便認為「你不重視金錢」吧。

譬如我們還是學生的時候，老師都會要求我們翻辭典查單字的意思，但是你到現在還會這麼做嗎？畢竟用手機查的速度更快，所以與其訓練快速查閱厚重辭典的技巧，將這些時間用在其他地方反而更有意義。

今後的時代，「人們努力做過的事」，應該都會逐漸被機器人取代。

話說回來，究竟機器人是為了什麼才會出現在這個世上，就是要讓世界變得更便利、更安全。如果讓AI來做更萬無一失且更快速的話，這項工作就交給AI吧，讓人類去做只有人類才能做到的事，這並不是什麼偷懶的行為。

完全不思考目的的話，就會覺得努力是必須。但是連自己根本不必去做的事情、自己怎麼都做不好的事情，也要花時間和精力去做的話，便稱不上是「正確的努力」。沒必要凡事親力親為，所以要善用科技，或是麻煩身邊的人去做，這樣才會有效率。

總而言之，努力只是一種手段。如果不用努力也能達成目標的話，這樣也不錯。

捨棄無謂的努力，**專注於現在只有你能做到的事情**，就能一步步實現你的目標。

努力 02

必有回報的人用過去式想像自己，沒有回報的人**對未來充滿不安。**

經由各種心理學上的實驗證實，**越能清楚想像自己的未來，越容易維持動力。**

一年後的自己會變成怎樣呢？

達成目標後的自己會是什麼模樣呢？

想像的畫面越清晰，朝向未來前進的力量越強大。

╳「要戒酒，維持身體健康。」

○「要將酒錢存下來，去夏威夷旅行。」

通常，除非罹患某種疾病，再這樣下去會事態嚴重，否則很難使一個人的健康意識抬頭。倒不如想像自己去夏威夷旅行，享受美麗海灘或盡情血拼更讓人興奮。

畢竟，如果無法想像自己興奮的模樣，便無法克服缺乏動力的問題。

設定目標時，記得擁有這個目標是很重要的一件事，如果無法想像自己實現該目標後會感到興奮，這就不是目標，只是單純的願望罷了。

我因為工作的關係，時常有機會遇到不同國家的人。這時候我就會覺得，「要是會說法語就好了」、「要是懂得韓文就好了」，於是試著學了一點法語、韓文，但是幾天過後，這種想法便逐漸消失了。

雖然會說每一種語言的感覺很棒，但是我卻無法想像自己到處說得一口流利外語的模樣。我並不會特別去想像自己會說這些外語之後，工作會越來越多元化，所以才無法堅持下去。

假設你想減肥，設定了「今年要瘦十公斤」的目標。那麼，減掉十公斤後會發生什麼好事呢？你能想像這樣的自己嗎？達成目標後，你的生活會與現在有何不同嗎？

如果「今年瘦下來後，就能穿比基尼到海邊去」的情景會令你興奮的話，我認為這就是一個努力的信號，讓你在有些提不起勁的時候，也能保有繼續減肥、不畏誘惑的決心。

另外我也十分建議大家，**用「過去式」來想像未來的自己**。就是站在未來自己已經實現目標的角度，看看現在的自己。

我在高三時曾立志要考上同志社大學，當時我好幾次想像自己在大學校園裡讀書的模樣。

我並不是用「想進入同志社大學就讀」的未來式進行想像，而是用自己已經通過考試錄取同志社大學的「過去式」在想像。

所以在考試之前，我就已經將自己確實會進入這所大學就讀的感覺深植於心了。

我去劍橋大學當研究生時也是如此。我明白自己的英文能力不足以在世界頂尖大學裡學習，所以事先在劍橋大學的語言學校上了一年課。而且我也一直在腦海中想像著，身處於整座城鎮被中世紀教堂建築包圍的劍橋大學裡上課的模樣。

積極想像「未來的自己」，這樣有助於強化努力的基本動機。

此外，你要大量觀察並接觸身邊許多已經實現目標的人。

除了社群媒體等等網路資訊之外，如果能親自到現場，透過五感去感受的話，相信你的動機會變得更強烈。

如果你的動機不足，一旦努力的動力受到動搖時，內心就會四分五裂。

如果你無法積極想像自己達成這個目標之後的模樣，也許你需要花點時間強化起初的動機。

努力 03

必有回報的人**專注於可掌握的事，**
沒有回報的人**任由未知事物擺佈。**

我是在高中時期，讀到了史蒂芬．理查茲．柯維（Stephen Richards Covey）的著作《與成功有約——高效能人士的七個習慣》（遠見天下文化出版）。當時令我衝擊最大的，就是**人生存在「可以掌控的事物」與「無法掌控的事物」**。

我們通常會去關心身邊發生的各種事情，包含景氣、股價、明日的天氣、年終獎金、上司的心情、週末的計畫、支持球隊的勝敗。

例如這個週末要去露營，即便再期待也無法操控天氣。還有你可以證實上司有沒有說真心話，可是你卻無法操控他的心。

儘管你因為無法操控一切而總是感到焦慮，卻是徒勞無功的。**既然如此，不如**

放下一切。

無論是自己的態度或是言行舉止，只要你想改變，就能主動做出改變。而且我們還可以藉由自己的態度及言行舉止，進而去影響其他的事情，但是卻無法操控一切。

換句話說，你可以為支持的球隊加油，鼓勵選手們「努力贏得比賽」，卻無法操控球賽。無論你多努力地加油，遺憾的是贏不了的時候就是贏不了。

這世上多的是自己無法掌控的事物，正因為如此，你才要避免在這些地方白費力氣，而是應該集中精神掌控自己。

與此同時，你還要持續思考自己可以做什麼。

目前我正在管理一個名叫 MATCHAMORE 京都山城的足球隊，想要隨心所欲調度逾三十名選手，是非常困難的一件事。有時不免納悶，「為什麼他看起來一點幹勁也沒有」、「為什麼他不明白這一點」。

但是，即便你大發牢騷也無法改變什麼，心浮氣躁也只是在浪費時間。只會備感壓力，卻毫無幫助。

管理一個球隊必須制定規則，設法讓大家方向一致，整頓團隊風氣。最後我唯一能做的，就是想想自己可以做些什麼才能讓球隊更好。

因此我別無選擇，只能凡事採取主動，繼續堅持下去。

不要耿耿於懷你無法掌控的事情，你只要專心思考「最終自己可以怎麼做」，你的一舉一動就會出現改變。

面臨無法掌控的事情，就應該「馬上放手」。

就算你一心想著「要將他培養成領袖人物」，可是對方並沒有這個意願的話，根本難如登天。你無法操控他的心，再加上他的資質可能也有問題。如果是這樣的話，你要為他創造一個對方會想成為領袖人物的機會，接著再默默地守護他，好好鼓勵他。

坦白說，自己可以掌控的事物其實出奇地少。

放眼望去，你也許會有這種感覺，但是你唯一能做的，就是為這件事傾注全力。花時間在無法改變的事情上，只是在白費時間，即便為了這種事情再努力，也幾乎不會有所回報。

試著專注在你能夠改變的事情、你做得到的事情上再付諸行動。

如此一來，情況也許會有所轉變，也許不會出現變化。不幸的是，我們無法掌控結果，但是相信我們會從中學到許多。

如果你希望留下成績、想擁有更美好人生的話，首先你要明確釐清「可以靠自己努力做到的事」與「做不到的事」。

04 努力沒有回報的人執著於結果。必有回報的人聚焦於眼前事實，

前文提過，在我們身邊存在「可以掌控的事物」與「無法掌控的事物」。

在這個部分請大家要明白一點，**雖然自己可以掌控努力的方法及方向，但是接下來的「成果」卻無法單憑你的努力下結論。**

如果跟工作有關，肯定會有共事的對象。無論你認為提案如何完美並實際展開行動，最終是否要接受提案還是取決於對方。

不管你如何努力推銷商品，如果客戶不想買的話，肯定賣不出去。為了宣傳商品的優點，你只能不斷摸索，嘗試用不同的資料及表達方式，設法改善對方的反應。

就連能不能通過考試，也會受到許多因素所影響。出題者最終要測驗哪些部分到哪個程度，競爭對手會取得多高的成績，這些都在自己的掌控之外。假如出題落在自己沒有準備周全的範圍、假如前往考試會場的電車停駛等等，有時候像這樣的焦慮也會迎面而來，但是這些情形我們都無法掌控，當然結果也是無法掌控的。

若用戀愛來舉例，應該會更容易理解。無論你如何迎合對方的時尚喜好、訓練談話技巧，都無法讓對方百分之百喜歡上你。對方可能在你不知道的情況下還有其他情人，又或者對方現在更想專注在工作上而不想談戀愛。

所以，不要一開始就太在意結果。別再給自己壓力，冷靜地掌握當前局勢，並且「專注在做得到的事情上」，可以交出成果的機率就會增加。

鈴木一朗曾經說過，「雖然無法掌控結果，但是可以做好準備。做好所有能做的準備，你就會得到應得的結果」。

太在意結果的話，就不會得到好的結果。

當你的考試目標訂在九十分，結果頭幾個題目就讓你陷入苦戰時，你心裡會做何感想？

「慘了，我不能再出錯了，再這樣下去就完了」、「不應該不會的」，你會不會在自己心裡展開消極的對話？把自己逼得太緊的話，將無法做出冷靜的判斷。

運動也是同樣的道理。比方說打高爾夫時，一開球便誇口說「今天要突破一百桿」，沒想到才剛開始便打出好幾桿，結果很快地便垂頭喪氣說：「今天也失敗了」而無法再集中精神。

如果是團體運動，每支隊伍都會在賽前做足準備以求獲勝。但是只有一支隊伍能贏得比賽。雖然可以做足準備提高勝率，卻無法保證一定獲勝。有可能會意外受傷，或是出現推翻賽事預測，像是弱者反敗為勝擊敗強者（翻盤）的情形。不過這就是運動會如此有趣的原因，充滿了夢想。

一帆風順的時候是好事。但是事情發展不如預期時，太在意結果就會使人焦慮，將自己逼得更緊。

不要在意結果，而要專注於眼前的事、自己做得到的事。只要將注意力放在這些事情上，也許就能扭轉局勢。太在意結果的話，將使人越來越焦慮。因為你會想照著自己的想法去做，於是可能被壓力給擊垮。

如果你深陷於「絕對不能失敗」的迷思當中，有時候不能失敗就會成為一個目標，使你難以發揮。

與其執著於結果而停下腳步，把自己逼得心浮氣躁，倒不如專注於自己現在必須做的事情，更能讓你的努力得到回報。

努力 05

必有回報的人**放棄不拿手的事，**
沒有回報的人**堅持達到同一水平。**

這世上有很多事情，你都必須盡力而為。

比方說除了英文之外，最好還要會說中文、西班牙語、法語。而且不僅要學習外語，如果還能學習法律、科學、政治會更好。

但是你並沒有足夠的時間完成這一切。也許你可以懂得皮毛，但是凡事都要深入學習達到同一水平，卻是極為困難的一件事。

照理來說，每個人都有拿手的事，也有不拿手的事，然而許多人卻只關注「自己不足的部分」。

而且他們凡事都認為是自己不夠用功的關係，於是涉足各種領域。像這樣**不夠徹底的努力，很少會得到回報。**

另一方面，**努力必有回報的人很清楚自己要做什麼，不要做什麼。並將精力投入到自己下定決心要完成的事情上。**所以才有圓椎體的出現。它不是圓球，有凸起的部分和沒有凸起的部分，外觀並不圓滑。

我成為劍橋大學的研究生後，第一項作業要提出的論文，主題就是「才智是否只有一種」。

就像建築師與運動員的才智無法比較一樣，每個人需要的才智都不一樣。空間識別的才智、自由活動身體的才智、語言的才智、數學的才智⋯如果每個人的才智都一樣的話，就不會創造出有趣的東西，有趣的東西還是得由不同個性的人才能創造出來。正因為你會專注在一件事情上努力研究，所以顯得與眾不同，能夠擁有比別人突出的能力——我在論文中提到了以上這些內容。

如果大家的水平一致的話，就無法互相幫助了。

因為有專家及擅長該領域的人存在，向他們諮詢才有意義。而且專家有不擅長的領域也是天經地義。能夠成為一名專家，並不是因為凡事付出一樣的努力，而是因為自己選擇了專長的領域，並且在這方面投入了大量的精力與時間，才會成為一名專家。

我是在考大學的時候，捨棄了凡事都要達到同一水平的想法。

我對數理不拿手，所以專攻靠日文、英文、日本史成績就能錄取私立大學。那時我心裡想的是，如果利用考前有限的時間專心復習五個科目，所有科目都無法準備周全。

把時間花在精挑細選的科目上，這種學習方式肯定不合常理。身邊的人也會跟我說：「針對不會的科目應該要想想辦法才對」。但是讓所有科目達到同一水平的目的是什麼？就在我自問自答時，因為回答不出來，於是便斷然捨棄這種想法了。結果，我還是一次就錄取了理想中的大學。

做選擇的時候，等於是不做某些選擇。這樣才能專注在重要的事情上。最重要的是，要將時間這種有限的資源投入有限的範圍，才容易展現成果。放棄與考試無關的科目，將精力投注在必要的科目上。要徹頭徹尾忽視不相關的事物。

不是只有參加考試，許多時候你也要掌握自己的優點和缺點。

如果很難做到的話，不妨試試下述兩個方法。首先問問別人，雖然你很清楚自己的缺點，卻很難看出自己的優點，但是其他人卻能意外地冷靜幫你分析出來。

接下來你要想想看，**自己可以一直做下去卻不會感到辛苦的事情是什麼。**如果你會馬不停蹄讀完客戶服務的相關書籍，可是有關政治的書一下子就讓你昏昏欲睡的話，可見你對客戶服務具有濃厚興趣，而且我相信你一定會喜歡這方面的事情。

凡事都做得不夠徹底的話，最終無法深入鑽研。

在努力與放棄之間取得平衡，是很重要的一件事。希望大家要集中火力鑽研自己喜歡的事物，努力發展自己的特質。

努力 06

必有回報的人**就算失敗也會當作養分，**

沒有回報的人**害怕尚未發生的失敗。**

「寫下失敗，當作成長。」

這是前棒球教練野村克也說過的一句話。

挑戰某些事的時候，有時在腦海中會冒出負面的想法：

「這麼做要是失敗了該怎麼辦？」

「失敗了很丟臉該怎麼辦？」

「成功的機率不高，最好還是放棄吧？」

現在的我也會如此。大家都不喜歡失敗，成功肯定會比失敗更讓人開心。

但是若將避免失敗這件事擺在第一位的話，最好什麼事都不要做。因為什麼事都不做就不會失敗。只不過，什麼事都不做的話也不會讓人成長。

我在挑戰某些事的時候會有一個判斷基準：

「比起會不會順利成功，更重視能不能有所成長。」

從短期來看，可能會遭遇許多失敗或犯下很多錯誤，也許會讓人丟臉。但是當你覺得所有的經驗都是一種學習的話，就能讓一切化為助力。

你要習慣問自己這樣的問題：「經由這些經驗，可以從中學到什麼？」

就算現在失敗了，幾十年後你還會對這件事耿耿於懷嗎？

當你回顧過去的時候，肯定也犯下了許多的錯誤。那時你應該覺得很丟臉，不停埋怨自己「怎麼這麼沒用」。

但是時至今日，你還是會每天耿耿於懷嗎？恐怕不會了吧。

其實，有時候短期的成功才會導致長期的失敗。縱使事情偶然進展順利，但是接下來等著你的就是夜郎自大。

我進入研究所就讀後，同時還創立了服裝品牌。第一次正式創業，很快地便拿出了成績。我心想：「既然賺錢這麼容易，不如等研究所畢業後回去日本擴大公司規模」，待我在劍橋大學的碩士課程修畢，就要馬上回國認真發展我的事業。

沒想到，當時應該是「一時」運氣好。我誤以為那是自己的實力，不斷擴張事業版圖，最後等待我的是空前的失敗。我實在「太小看這個世界了」。事實上，這個世界並沒有那麼簡單。

那次空前的失敗對我打擊相當大，我一而再，再而三地問自己，把公司結束會不會更好。

但是我深信，當初從那些經驗中得到教訓的我才能有今天。成為我經營全球領袖培育機構，還有現在能成立足球俱樂部的助力。

在本章開頭提到的野村教練說過這樣的一句話：**「勝利有出人意料的勝利，失敗沒有出人意料的失敗」**。沒有出人意料的失敗，意思就是說事出必有因。

追根究柢，只要從中學習就能有所成長。

一個人僅在乎「成功或失敗」的話，往往會逃避損失。這在心理學上稱作**損失迴避偏差（Loss Aversion Bias）**。這是著名的認知偏差之一。比起成功，更重視避免失敗其實是一種正常的心理現象。

不過，關鍵在於你是站在哪個角度才會出現這種想法。如果你只看到眼前的話，你會覺得這次失敗的意義重大，但若是俯瞰整個人生，就會覺得沒什麼大不了。

而且你真正感到挫敗的經驗越多，越能幫助到其他人。因為有經驗的人提出的建議，肯定比沒有經驗的人提出的建議更具說服力。

不管事情是否進展順利，你從中學到了哪些教訓呢？此外，你若想善用這些教訓幫助其他人的話，眼前的失敗便十分值得了不是嗎？

努力 07

必有回報的人**對自己沒有期待，**沒有回報的人**過度自信而受挫。**

明明一直努力找工作，卻沒被任何一家公司錄用。

明明發揮頂尖業務實力幫大家提升業績，沒想到因為一點疏失就被降職。

面對上述這些情況，**你會發現沒有人能夠控制自己所作所為的後果。但是你卻可以控制自己要怎樣接受這個後果。**

「為什麼當初沒有再努力一點」、「如果再努力一點的話，一切就會順利了」，你可以像這樣接受事實。

另一方面，你也可以像這樣接受一切，「現在的我就只能做到這樣」、「這是自己做的事情，很難做到毫無疏失」。

真正會造成壓力的是前者。

儘管對自己抱有相當高的期望，但是結果卻不如預期，於是當中的差距才會讓人感到很大的壓力。當你對自己的期望不高，即便是一樣的結果，你也能夠接受自己「就只有這等能耐」。

就是因為自以為可以做得更好，才會感到沮喪。**無論發生什麼事，當你認為「我就是這樣」、「人生即是如此」，你就不會感到沮喪。**

努力必有回報的人，都明白這個道理。

並不是說不可以對自己抱持任何期待。畢竟人都會對自己充滿期待。我認為最重要的是，**必須冷靜釐清自己為什麼會對眼前的結果感到失望。**

因為擁有不同的看法，將影響你下一步的做法。

如果你總是預期結果會很糟糕，就只會出現一種心態：「下次一定要做得更好」、「下次自己一定可以拿出更佳成績」。然而卻沒有意識到對自己的期望很高，所以才會一直感到很痛苦。

心理學上有一個名詞稱作**自我疼惜（self-compassion），意指無論好壞，都會接受真實的自己。**

據說不懂得自我疼惜的人往往會把自己逼得很緊，因為他們會嚴格要求自己「希望變成這樣的人」、「應該要成為這樣的人」。即使事情進展得不順利，或是遇到難受的事，他們也不會對自己說些安慰的話。

這樣一來，就會被焦慮、憤怒、悲傷等情緒所擊倒，容易將自己逼進角落，心想「只有自己覺得難受」、「沒有人理解自己」，而感到孤立無助。

另一方面，很懂得自我疼惜的人已經放棄「事情應該怎麼做」的理想主義，所以不必手忙腳亂強迫自己縮小理想與現實之間的差距。

當你的家人或朋友遇到麻煩且諸事不順時，通常你不會批評這個人或對他生氣。相信你會傾聽他的心聲，試著去理解他的狀況及心情。

同樣的道理，你應該傾聽自己的心聲，試著如實接受自己的心情。

也許你要求太高且努力過頭了，說不定你真正想要的是輕鬆過生活。但是你卻把自己逼得太緊，覺得自己「不可以再這樣下去」。

心靈受挫的話，努力就不會得到回報。

我認為努力成為理想中的自己，或是努力實現目標，是一件很棒的事情。只可惜，並不是凡事都會如你所願。

所以，這時候沒必要把自己逼得太緊，與其覺得「自己應該可以做得更好」、「可以達到更高的目標」，不妨降低標準，安慰自己「這也是人生」、「這就是真實的自己」。

當你覺得你可能把自己逼得太緊時，就要自我疼惜。

越會自我疼惜的人，就會察覺到自己身邊真正重要的事情。有時候「不要對自己抱持期待」也沒關係。

第2章

努力
必有收穫的
正確做法

努力 08

必有回報的人**不會抵抗誘惑，**
沒有回報的人**會抵擋誘惑。**

努力抗拒誘惑是一種白費力氣的努力。所以努力必有回報的人，根本不會刻意抵抗誘惑。另一方面，努力沒有回報的人卻拼命想要戰勝誘惑，最終導致自己筋疲力盡。

二〇一七年，卡爾頓學院的瑪麗娜·米利亞夫斯卡婭教授與多倫多大學的邁克爾·因斯利特教授，以一百五十九名學生為對象進行疲勞相關的研究調查。這項調查結果發現，主要造成學生感到壓力的就是「誘惑物」。

目前已知，比方說遇到一定要提交課堂報告的時候，如果在身邊出現和報告無關的漫畫及雜誌，或是聽到手機來電鈴聲，還有朋友邀約出遊的誘惑越多的學生，就會感到越大的壓力。

另外還發現，「目標達成率與接觸誘惑物的次數呈反比」。

換句話說，**如果想達成某個目標，最重要的並不是戰勝誘惑，而是要盡可能減少接觸誘惑物的次數**。關鍵在於，不要看到或是聽到會阻礙目標實現的誘惑物，避免自己輕易接觸到誘惑物的機會。

如果是正在減肥的人，就不要在家裡放置不必要的食物，或避免購買不必要的零食或泡麵等食物存放。

雖然收進櫃子放在看不見的地方，但是肚子餓的時候就會馬上想起「那裡還有那些食物」。自制這件事，從長遠來看也會變成一種壓力而不斷累積。既然如此，重點是從一開始就不要累積壓力。

「但是整箱購買比較便宜⋯⋯」，也許你也會聽到這樣的說法。

整箱購買的單價確實比較便宜，但是結果卻是消費量增加，在絕大多數的情況下都不會比較划算。我在買啤酒的時候，也總是想說「今天買這樣就好」，卻還是不知不覺多買了一些⋯⋯。

因此，應以無法輕易接觸到的環境為優先。

若能避免購買不必要的食物放在家中，就能減少抵制誘惑的次數。

如果正確的努力能堅持下去，你一定能取得不凡的成果，想要堅持下去，務必要遠離會形成阻礙的東西。

以我為例，基本上我不會在家讀書，更準確的說法是沒辦法在家裡讀書。因為家裡充滿許多誘惑。想要學習效果佳，一定要集中注意力，但是每次看到電視或是雜誌就會使人分心。

看到螢幕一片漆黑的電視，也許就會想到「上次錄好的連續劇還沒看」，還有口渴時就會走向冰箱，看到忘記洗的衣服，說不定會忍不住動手清洗起來。

在家裡面，與自己有關的事物實在太多了。

據說人只要一看到沙發，就容易疲勞。心裡想著「有點累了，需要稍作休息」，結果「稍作休息」居然變成好個幾小時。

所以，我在讀書或寫作時，都會盡量離開家裡。這麼做也能讓生活充滿彈性。讓自己記住，家是用來好好休息的地方。

因為可以專注地讓自己休息，使大腦及身體恢復活力。

準備大學考試的時候，我習慣待在補習班的自修室裡。考研究所時，我則是長時間待在大學圖書館或是語言學校的自修室。身邊幾乎沒有與自己有關的事物，所以不容易分心，這就是利於專心的環境。

除了做什麼事之外，更重要的是你營造出怎樣的環境。

首先要選擇一個誘惑越少越好的環境，這點猶為重要。如今該如何避免滑手機，也許是最後的難關。

努力只是達成目標的手段。

與其對抗誘惑，不如先試著讓自己遠離妨礙目標實現的障礙。相信你的努力會更容易得到回報。

努力 09

必有回報的人**不將 have done 可視化，**
沒有回報的人**只想著 to do。**

相信不少人會列出待辦清單或是 to do list。我也會寫下待辦清單，整理出今天必須做的事情，並加上優先順序再努力完成。

關鍵在於你要設定目標，例如「今天要將這本書從101頁讀到200頁」或是「今天要深蹲一百次」，把要做的事情寫在紙上提醒自己。

只是在腦海中想著「要做那件事、要做這件事」卻沒有寫下來，會忘記也是人之常情。

但是與此同時，有多少人會習慣列出「已完成清單」呢？

我平常會用便利貼管理 to do list。將要做的事情一件件寫在便利貼上，再用來重新排列順序（詳細內容請參閱《「すぐやる人」の読書術（暫譯：「行動派」的閱讀技巧）》）。

此時最重要的是，**直到當天結束之前都不要扔掉已經完成的便利貼**。因為保留完成事項的便利貼，才能親眼確認今天做了哪些事、做了多少事。

心理學上有一個名詞叫作「**自我效能（self-efficacy）**」。這是一種對自己的期待，覺得「自己似乎可以做到這件事」，適度提高這種期待，是能讓人繼續努力取得成果的關鍵。

提升這種自我效能的方法之一，就是「掌握自己完成事項的進度」。將「完成事項」可視化，仔細確認之後，你就可以讓自己意識到「今天非常努力」，這樣會讓人更有動力。

人類的大腦會逐漸忘記已經完成的事情。所以要是將完成事項的便條紙丟掉的話，當你在回顧自己做過哪些事情時，就會出現遺漏。

既然你曾經這麼努力，為何不試著記錄下來以便可視化呢？

當我朝著目標努力不懈時，我一定會做一件事。就是製作一個這個目標專用的行事曆。就像集點卡一樣，只要在這天完成待辦事項，我就會畫上○的記號或是用筆塗黑。

如果是減肥的話，有去慢跑的日子就會在行事曆上記下跑了多遠的距離。做了一百次深蹲的時候，便會在今天的欄位寫上「深蹲100」。像這樣簡單記錄就夠了。

當我下定決心每天要鍛鍊腹肌一百次，我就會為此準備一個桌上型行事曆，有完成訓練的日子就用筆塗黑。沒有做訓練的日子就不會塗黑。為的就是將自己的努力程度「可視化」。

只要將這個行事曆貼在看得見的地方，例如貼在自己房內，每次走進房間就會注意到自己的目標，因此會形成實現目標的強大動力，告訴自己「明天也要繼續努力」。

如果你在努力戒酒，就要每天在行事曆上記下「0ml」。如果你在存錢，就要試著記下你刻意省下來的金額。如果你要練習聽力三十分鐘，就要在行事曆記下「L30」。

每天寫行事曆的快感，會讓人欲罷不能。沒有每天努力的話，標記就會零零落落，每天努力不懈的話，行事曆就會塗滿一整面。

記錄的部分越多，你就會看到「自己一直很努力」，這種直覺的感受會讓你充滿成就感。而標記沒有填滿時會讓人覺得很不舒服，因此也能督促自己盡量避免這種情形。

總而言之，透過簡單的記錄就能激發出一個人的動力。通常，人類的記憶是模糊不清的，如果沒有記錄下來，你便無法確認自己有多努力。反之，如果你知道自己堅持了幾天，這些記錄就會形成你的動力。

用看得到的方式簡單明瞭地記錄下來，你就能夠察覺到「自己努力的話就能做得這麼好」，這也會讓你充滿自信。

善於努力的人，都會藉由記錄激發動力。

他們不會依賴「記憶」這個模糊不清的東西，只會記錄事實並淡然處之。靈活運用簡易的工具，讓自己充滿動力吧！

10

努力

必有回報的人**深知何時放鬆，**
沒有回報的人**在關鍵時刻耗盡氣力。**

足球是一種上半場為四十五分鐘，下半場為四十五分鐘，合計共需要活動九十分鐘的運動。如此一來，當然需要努力奔跑的體力。但是需要體力做什麼呢？難道是為了隨意奔跑嗎？

二〇二〇年與二〇二一年，川崎前鋒在日本甲組職業足球聯賽完成二連霸。觀察每場比賽整個球隊的平均奔跑距離，二〇二〇年在十八個球隊當中名列第十八名，二〇二一年則位居二十個球隊當中的第十八名。

由此可知，優勝球隊並不是最會跑的一隊。所以努力奔跑不等於會獲勝。當然他們並不是在偷懶，而是非常懂得彈性調整，「該跑的時候就跑，不需要跑的時候就不跑」。

縱使你努力奔跑，時間一久也會耗盡體力，跑不動的話，你便無法在關鍵時刻全力衝刺。

在工作上或是日常生活中，不也是如此嗎？因為一天只有二十四小時，體力和專注力都有其極限。

想要在關鍵時刻發揮實力，就必須保留一定程度的體力。努力奔跑對球隊來說非常重要。但是不懂得如何運用那些力量的話，只是在白白浪費體力。所以，努力必有回報的人會在可以放鬆的時候完全放鬆，在必須努力的時候全力以赴，這樣努力才會帶來成果。

因此你要**找出對你而言最優先的工作，並將時間與精力投入其中。你要馬上放下對你來說不重要的事情。**換句話說，就是要放棄這些事情，你只需要堅持這項原則就好。

我們每天都有很多事情要做，工作永遠做不完。如果你無法判斷是否真的有必要去做，你要做的事情將會越來越多。

你可以依據自己眼中的重要性和緊急性，然後將要做的事情分成以下四類。請你務必將「你要做的事情」，標記下方圖表的編號。

例如「冗長且漫無目的的會議」、「滑手機消磨時間」、「聊別人八卦」等等，就是④「不緊急也不重要的事」。被這種事情佔用時間而無法去做原本真正想做的事，當然努力必有回報的機率就會下降。希望大家要思考一下如何才能避免這種事情。

②「緊急但不重要的事」就是類似要應付突如其來的訪客或電話，還有形式上的會議等等。雖然你試圖去應付訪客，卻因為閒聊而佔用了許多時間，如此小心談話應對之後，總叫人筋疲力盡。為避免此情況，不妨用三十分鐘區分一個時段，盡量避免時間被切割得很零碎。

而且你應該投入時間及精力的其實是①和③。

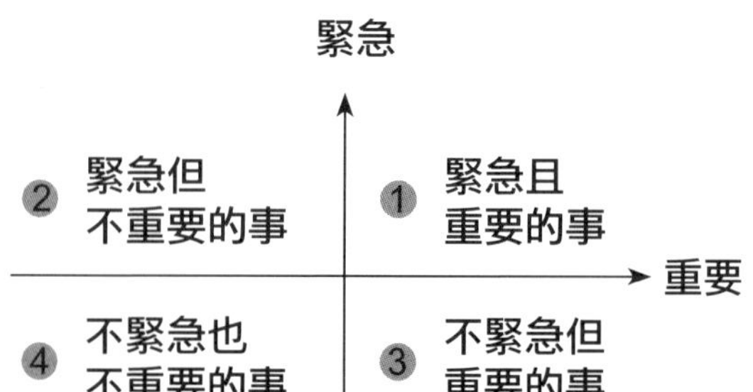

尤其重要的是③「不緊急但重要的事」。譬如必須認真培養公司以外的人際關係，還有明年的計畫、為了自己未來去進修，這些事情在構築豐富人生的基礎上為不可或缺的一環，所以希望你要納入每日行事曆當中。首先，你要從一年後的自我想像開始倒推，以月為單位規定自己何時之前必須完成哪些事情，安排每天「要做的事情」。

①「緊急且重要的事」，有時會因為十分緊急，於是將實際上不重要的事情當作很重要，因而耗費掉許多時間，所以你要反覆問自己：「不這麼做會怎樣嗎？」、「真的是自己必須處理的問題嗎？」

你應該不會因為不必做的事情大受影響吧？

大受影響的時候，無論你再努力，都會像瀝水籃有破洞一樣徒勞無功。**好好釐清該做的事情與不該做的事情，讓自己將時間及精力完全投入到應該做的事情上吧。**

努力 11

必有回報的人**堅持查核和改善，**
沒有回報的人**在計畫和執行費盡氣力。**

應該沒有人不知道PDCA，這是藉由重複Plan（計畫）→Do（執行）→Check（查核）→Action（改善）的循環，持續推動改善的手法。

許多人都會制定計畫，比方說「為了達成目標，必須在何時之前完成那件事，再做這件事」。這可能是最叫人期待的過程。接下來儘管計畫中存在某些問題，但是相較來說，還是有不少人確實完成了Do的步驟。

只不過，我想很多人似乎做到這個步驟便結束了。

好不容易進行到了Do，卻沒有驗證這件事最終會得到怎樣的結果，以及為什麼最終會是這樣的結果，只在最後確認整件事「是否順利」便結束了，這是非常可惜的。

努力必有回報的人，會花很多時間在接下來的 Check 與 Action，也就是 PDCA 的 CA 上。因為「這世上有許多事情必須試過才知道」。試過之後，再仔細思考整個過程，你的功力就會大增。

舉例來說，我在批改大學課堂上出的英文作文作業之後，都會告訴學生「仔細訂正再交上來」，但是再次提交的人可能不到百分之十。再次提交的人，會重新檢查哪裡寫錯了，如實地訂正之後再交上來，所以不會再犯相同的錯誤。

可是大部分的人，在看過發回來的作業之後便沒下文了。就算有重新看過，也是在大腦中理解「原來要這麼寫」就結束了。大腦理解的事情，和會做的事情並不一樣，這兩者可說存在著極大差距。

仔細地重新檢查的確需要耐心，畢竟不斷嘗試新事物，才會讓人感覺自己一直往進邁進。但是沒有仔細修改的話，始終會重蹈覆轍，結果就像一直用瀝水籃在舀水一樣。

犯錯在所難免。但是好好努力避免重蹈覆轍的話，就會出現很大的差異。

況且經由學習獲得的知識，如果不能透過考試與實作，反射性展現出來的話，就無法稱之為技能。**要將「理解的事情」變成「會做的事情」，重複將是一大關鍵。**

正因為如此，當你搞清楚過去無法理解的事情之後，必須好好花時間去改善它，否則只會再次重蹈覆轍。

我在攻讀劍橋大學研究所期間，教授一再提醒我「reflection 的重要性」。reflection 就是內省，客觀地反省自己的意思。換句話說，就是**必須好好花時間思考一下，哪些地方做得很好，哪些地方做得不好。**有時候事情並不會照著計劃進行。所以才要找出做得好的部分與做不好的部分，幫助自己從第二天開始迅速改進，進步得更快。

人通常會對某件事越來越精通。

做了多少事情並不重要。重要的是能否深入理解現在正在做的事情，是否採取了具體行動，避免下次再重蹈覆轍。

努力必有回報的人，並不認為只有往前邁進的事情才值得去做。因為他們深知一面用瀝水籃舀水一面前進，並不會留下任何東西。他們更重視自己是否認真學習而有所成長，並且會好好正視一直無法解決的問題。

你會多久反省一次自己的行為，又如何改進呢？

如果你想讓自己的一舉一動有意義，堅持查核和改善至關重要。你必須知道，這兩者對於個人成長是不可或缺的。

努力 12

必有回報的人**在舒適環境下加快速度，**
沒有回報的人**在環境不佳的水槽裡拼命掙扎。**

要在舒適的環境下努力，不要在不理想的環境中強迫自己努力而耗盡精力。
努力必有回報的人就會秉持這種想法。反觀努力沒有回報的人，通常不太明白選擇地點的重要性。

近來在咖啡廳讀書、學習或工作的人越來越多了。

你是不是也有找到一家「可以在這裡集中精神」的咖啡廳呢？這本書也是我在自家附近的咖啡廳裡完成的。

咖啡廳為什麼容易集中精神，其中一個原因已經在前文提過了，因為你不會看到與正在進行的工作或讀書無關的事物。

還有另一個原因，而且心理學的研究也已經證實，在有點吵雜的環境下，會比鴉雀無聲的地方更能集中精神。

根據伊利諾大學的研究結果顯示，相較於只能聽到0～50分貝左右的安靜環境（圖書室或自修室等地方），人類大腦在70分貝左右的噪音環境中（咖啡廳或聽得見雨聲的地方等等）的工作效率會更好。

有時候鴉雀無聲的地方也會讓人想睡覺，而且每個人的狀況不同，有些人即使是很小的聲音也會十分在意，導致他們無法集中注意力。

另外，據說其他人的存在也會讓人受到影響。

例如在咖啡廳這類地方，一看到除了自己以外的某個人努力用功的模樣，就會覺得「自己也該好好加油」。反之，在居酒屋裡一群人大聲吵鬧的環境下，就不會有這種想法了，這是理所當然的事。

以我為例，比起老年人悠哉鍛練的健身房，看到同齡人努力健身的模樣會讓我更有動力，所以我會選擇這樣的環境。

而且我在劍橋的時候，習慣一大早待在自己房裡專心寫論文和作業，九點一到，就會到圖書館去。

其中最大的原因，就是我只要置身在圖書館這種環境中，看到大家埋首於文獻及論文時，自然而然就能集中注意力。因為我想利用環境的力量來督促自己。

當然偶爾也有心情不佳的時候，於是我便不理會論文及作業，用一種輕鬆的心情騎著自行車到圖書館去。

結果一到了圖書館，我隨即進入一種別無選擇的環境之中，自然而然切換成專注模式了。

與其試圖強迫自己在當前環境下提升專注力，不如試著改變環境。

相信你也會遇到必須努力，卻提不起勁的時候。心裡明知道自己必須集中精神，可是就是做不到，這種情形在所難免。

這是很正常的事情，大家都會有這種時好時壞的狀態。所以不要強迫自己過度努力。不要責備自己做得不好。試著換個地方、試著改變環境。

如此一來，至少你可以轉換心情。

你可以尋找一個覺得「來到這裡總是能讓自己集中精神」的地方。哪裡對你來說是容易全力以赴的環境呢？

不過，平日感覺舒適的咖啡廳，也許週末就不是如此了，我認為最好要有多樣的選擇備案。

努力 13

必有回報的人策略性偷懶，沒有回報的人徹夜不眠也會全力以赴。

誠如前文所言，努力是實現目標的一種手段。

只不過，像是減肥或讀書都不是一朝一夕就能達成的事情。「努力不懈」是實現目標不可或缺的一環。

過去我指導過許多人如何讀書，在我的印象中，成績好的人都很懂得偷懶，然而一直很努力卻還是成績不理想的人，卻都不懂得偷懶的方法。

減肥期間都會減少熱量攝取，還有控制飲食。就是因為這樣努力抑制自己的慾望，才會備感壓力。如果沒有好好喘口氣，就會使人喪失動力，很難堅持下去。再加上體重會起起伏伏，所以也有不少人會覺得壓力很大，「明明已經很努力了卻瘦不下來」，因此十分受挫。

這件事發生在我正準備進入劍橋大學研究所就讀的時候。

一開始我在英國的語言學校上課，但是坦白說，好幾次因為申請學校要求的英語程度相當高，讓我差點想要放棄。我出現一種十分強烈的念頭：「我不能再這樣下去，我得更努力才行」，不知不覺中，我已經好幾個月完全沒有喘口氣了。

有一次，朋友問我說：「週末要不要去逛街？暫時休息一下不要讀書也很重要喔！」那時我才當頭棒喝。就在那一瞬間，發現我把自己逼得太緊，以為「不努力不行」，才會感到筋疲力盡。

平時我總會在背包裡塞滿很多書，不過那個週末我卻背著空包包和朋友一起開心地逛街吃飯。

我用煥然一新的心情告訴自己，「已經好好休息過了，明天要再繼續努力！」接著便努力讀書。結果之前無法充分消化的內容竟然完全理解了，還可以長時間集中注意力，甚至覺得某些瓶頸也一掃而空了。

想要好好努力，就必須懂得如何偷懶。

你有聽過 cheat day 一詞嗎？就是「欺騙日」的意思。

阿姆斯特丹自由大學在一項研究中，對曾經安排「欺騙日」的人與不曾安排「欺騙日」的人做過比較。結果發現，**曾經安排「欺騙日」的群組，才可以朝著目標努力不懈。**

研究顯示，安排欺騙日可獲得三大效果。

・可以恢復自我控制力。
・容易保持動力。
・容易穩定情緒。

據說在減肥期間，也要安排「想吃什麼就吃什麼的日子」，才容易瘦下來。

當你已經持續減肥生活好幾個月，體重下降時一定很開心，但是不久後就會面臨體重停滯的時期。

這種時候，每週都要安排一天「想吃什麼就吃什麼的日子」，例如吃些蛋糕或拉麵。像這樣好好利用欺騙日，就會很容易解決越來越缺乏動力的問題。

我有一個職業運動員的朋友，聽說他每週都會安排一次欺騙日去麥當勞吃東西。除此以外的日子，他會嚴格控管自己的飲食，他說將欺騙日視為每週的樂趣之一之後，讓他在飲食控管以及訓練上可以更加努力。

堅持做一件事的時候，一定會遇到順利與不順利的波動起伏。一帆風順時，心情也會很好，所以不容易感到疲勞。但是遇到稍微停滯不前時，就會讓人覺得「有點疲倦困頓」。當你出現這種感覺時，請你馬上安排一次欺騙日，因為當你無法再繼續下去的時候，最重要的就是不要再逼自己了。

14

努力

必有回報的人**貫徹自己該做的事，**
沒有回報的人**凡事在意他人評價。**

希望得到別人認同的感覺，稱作「**認同渴望**」。我相信你或許早就聽說過了。

每個人都有一定程度的認同渴望，這在某方面來說是很正常的事。只不過，認同渴望時常會影響一個人改變最初努力的方向。這就是問題所在。

過度的認同渴望，會使你很在意他人的評價及眼光，讓你搞不清楚自己是在為了什麼而努力。

你的努力不懈，原本只是為了讓自己更像理想中的自己，實現想達成的目標，如果有一天你的目標竟變成希望得到他人認同，這樣便會造成問題。

我管理的 MATCHAMORE 京都山城足球俱樂部，平日幾乎每天都會舉辦免費的足球課程。

因為很多公園都會禁止球類運動，能夠自由從事球類運動的環境往往慘遭剝奪，從遊戲中學習的機會越來越少。所以我們才會租借球場，盡力創造一個能讓孩子們盡情踢球的機會。

當然孩子們也不需要準備球具以及球鞋這類的運動用品。他們只需要帶著「想踢足球」的心情前來。足球隊成立的目的就是為了關注社區兒童的發展，與貧富差異無關。

所幸在新冠疫情下，第一年仍有一千五百人參與活動，二〇二一年更高達四千人。並且十分榮幸能夠獲得各方好評，眾多媒體紛紛報導，甚至還收到了感謝信。

但是我經常告訴團隊，這麼做並不是為了得到別人的好評。

我們的教練不分寒暑站在球場上迎接孩子們，是為了一同享受踢足球的樂趣。

只是我們在判斷事情時，如果沒有時時秉持著一種觀念：「我們現在做的事情，是為了幫助當地有孩子的家庭和孩子們」，久而久之一定會被他人評價牽著鼻子走。

一旦演變成「想得到好評才要去做」，當所做所為沒有受到好評時，團隊成員的心裡就會湧現「沒有回報」的感覺。

我現在分享的這些，就是來自我以前的痛苦經驗。

過去的我，很想得到別人認同，所以每次有工作委託都是來者不拒，最終讓我不堪負荷。雖然會質疑「自己為什麼要這麼做」，但是想要得到更多認同的心情卻超越了質疑的心情。

最終令我十分不解，「自己為什麼總是這麼做？這和自己應該前進的方向根本不一樣」，於是感到身心俱疲。

起初就一直覺得哪裡怪怪的，所以並不感興趣，只是已經接下的工作就會有一股「必須完成」的衝動。當時我心想，這樣對委託工作給自己的對方來說也十分失禮。

不該輕易地以得到別人認同，用他人眼光作為判斷基準，應該根據自己想要的生活方式做出判斷。並且要經常盡力而為發揮所長。這樣一來，最終你就會受到別人的認同。

當然這並不是意味著你不必參考旁人的意見。

以工作而例，這份工作會有委託人和受託人，這份工作會成立是因為他們覺得值得去做，所以最重要的就是要了解對方是否覺得值得去做。

我認為這是前後順序的問題。**假如你已經厭倦了努力付出，可能是因為你想「得到好評」的慾望過於強烈，而且你會在意他人的眼光。如此，說不定你會因此而看不清原來的自己。**

這時候，你最好先停下腳步，思考一下自己原本想走的路。而且我認為你應該檢查一下，現在是不是正朝著那條路在努力。

那麼，日後就會得到你應有的評價。

努力 15

必有回報的人**在小池子垂釣，**沒有回報的人**搭著小船出海。**

大家有聽說過**利基戰略（Market-nicher strategy）**一詞嗎？目標是在小眾市場，即沒有競爭的地方成為第一。

若能在某個領域做到第一，品牌力就會十分強大，就在沒有競爭的小眾市場拿出壓倒群雄的成績。

只要聽到「日本最高的是哪座山？」這個問題，大家都會想到富士山。

但是一聽到「日本第二高的是哪座山？」這個問題，大家知道答案嗎？如果不是登山愛好者，絕大多數的人應該都想不到。

答案是位在山梨縣的「北岳」，標高 3193 公尺。

第一名與第二名的知名度差距非常大。也許是以些微差距屈居第二，但在人們的記憶中卻會出現極大差異。

所以努力必有回報的人經常在想，能否在不用競爭的情況下成為第一。努力沒有回報的人，會涉足一個競爭激烈的領域，並在這個領域思考如何獲勝、如何生存下來，才會感到筋疲力盡。

我在進入劍橋大學研究所就讀的同時，也開啟了我的英語教育事業。想要進入外國大學或是研究所就讀，必須接受 TOEFL 或 IELTS 的英語測驗。當時在英國主要採用劍橋大學設計的 IELTS 測驗。但是日本一年僅有三千名考生，我也是第一次聽說 IELTS 這種測驗，我記得當時一直在想：「那到底是怎樣的考試」。

儘管如此，IELTS 真的是非常理想的測驗，我估計「這種測驗總有一天會在日本佔有一席之地」，後來便在線上輔導考生如何準備考試。

那時整個日本只有三千名考生，所以利用沒有場地限制的線上輔導便綽綽有餘，而且就算我人在劍橋，只要透過網路就能為日本的考生提供服務。

如今線上輔導的規模，已經達到十倍以上。IELTS 變成全世界每年有四百萬人報考的測驗，已經躍升為世界規模最大的英語能力測驗了。

在日本僅有三千名考生的時代，當時幾乎沒有一家補習班提供 IELTS 的測驗輔導課程，所以我在日本被視為 IELTS 教育的先驅，獲邀監修官方考古題，在小眾市場成為獨一無二的存在。

要在英語教育如此廣泛的領域成為第一或是脫穎而出，是很困難的一件事。許多老師長期以來，一直在 TOEIC 這個紅海裡相互競爭。縱使你強迫自己涉入其中，也只會被競爭消磨殆盡。

你要找到一個絕對可以獲勝的領域。如果你怎麼找也找不到這個領域，就要自己去創造。只要你肯這樣努力，就不會一無所獲。

不管在任何領域，只要成為第一，就會脫穎而出。媒體總是在尋找新聞，我不但經常引起他們的注意，接受採訪的機會也變多了，很多人開始認識我這個人。

在特定領域處於領先地位的人物和公司，會將自己主要專攻的市場限制在非常小的範圍內，並且在這個領域堅持到底。PayPal 創建者彼得．提爾（Peter Thiel）曾經說過，「避免競爭，必須獨占」。唯有獨占，才是避免捲入激烈競爭的重要手段。

過去一直認為，培養競爭力是很重要的事。但是現在更重要的，應該是**努力思考如何在沒有競爭的情況下取得勝利。**

努力 16

必有回報的人**化數量為品質，**
沒有回報的人**重視效率排斥揮汗。**

別人為你解說騎車方法之後，你也不會從此就會騎自行車。在YouTube或書上學習踢球方法，你也不會突然就能像那樣踢球。學習英文也不是讀書之後，就能說得十分流利。

凡事都要反覆練習才會精通。因為你大腦理解的事情和會做的事情之間，存在極大差距。

你必須將大腦理解的事情，轉變成你會做的事情。

很多事情都要像學習自行車、運動或英語一樣，在蒐集資訊之後，不斷嘗試並從失敗的過程中慢慢找到感覺，進而變成獨自可以完成的事。

老子有一句格言，「授人以魚不如授人以漁」。

意思是說，「給人一條魚，他一天就會吃完，但是教他釣魚的方法，他就能享用一輩子」。

現在這個時代，只要上網搜尋就能得知任何問題的答案。老子的格言中提到的魚就是答案。雖然網路會告訴我們答案，卻不會教我們如何找到這個答案。雖然會給我們魚，卻不會教我們釣魚的方法。

你可以在美食網站找到保證好吃的餐廳，你在網路購物時也能參考排名及評論等等資訊挑選備受大家好評的商品。去書店的時候，你會拿起陳列的書籍判斷是否適合自己再購買。但是上網路書店的話，你就會參考排名或是評論進行判斷。

大家都說好的東西，真的就適合自己嗎？有時候收到書看過之後，肯定會納悶「不知道為什麼大家都說這是一本好書」。還有當你查看經常光顧的餐廳評價時，有時也會不敢相信竟然如此低分，以及有些餐廳則讓你想不透為什麼會如此高分。我們習慣凡事都上網查，結果被這些評價所影響的人並不在少數。

為了避免失敗，再加上過於追求效率，於是依賴別人創造出來的「解答」，並且跳過了自行判斷的過程。

但是努力必有回報的人卻十分重視過程。

他們會思考怎樣的思維模式，如何採取行動，最後才會得到這樣的結果。他們會思索哪些部分進展順利，哪些部分遭遇過挫折。

因此，進展順利的事情都會一再重現。

重點在於，你要運用自己的五感做出判斷，而不是依賴別人創造出來的答案做決定。

得到魚很簡單，因為你只需要收下。

就算別人教會你釣魚的方法，但是有時候釣得到魚，有時候也會釣不到。倘若因此只想隨便尋求答案的話，不但無法培養出思考的能力，並且你只能依賴別人生活下去。

只要釐清目標與手段之後，就是重複執行→驗證→修正。

只不過，要化數量為品質也是需要技巧的。

你不能存有一種「不準的槍連發幾次也會打中」的心態，**重要的是在不斷重複的過程中，每次都要自己仔細思考哪裡做錯了，想辦法做得更好。**

所以不要奢望百發百中，尋求別人創造的答案，你反而要自己試試看。很多事情必須重複很多次才會精通，所以得要反覆去做。每次都要自己思考一下，不斷地想辦法，這就是一種過程。

容易得到的答案似乎讓人感覺更有效率，但是這個答案真的正確嗎？而且你會不會過度依賴這個答案而錯失什麼呢？

也許是大家都說好，所以才會讓你有「這就是答案」的感覺。

但你自己本身擁有感受力、判斷力，還有思考力。你要相信這些能力，並且由自己做出選擇，好好磨練你的洞察力吧！

第 3 章

工作
備受好評的
秘訣

17 努力必有回報的人**先聽再說**，沒有回報的人**先說才聽**。

上司或客戶委託你工作時，會對你有何期待呢？

想要好好完成工作，你就必須努力理解對方的期待。否則你很可能用自以為是的做法在推動工作，所以很難達到對方的期待。

杜拉克（Drucker）在《創意管理》（DIAMOND, INC.）一書中提到，「唯一了解顧客與市場的人，就是顧客本人」。對方想要什麼，只有對方才知道不是嗎？精準理解對方的需求及意圖，再執行計畫。否則計畫的方向錯誤，便無法滿足對方的需求。

所以在工作上努力必有回報的人，都擅長傾聽。

仔細傾聽對方說話，並提出準確的問題，此時你就會發現對方面臨的問題。當問題釐清之後，你就能提供解決方案。

另一方面，努力沒有回報的人在討論事情時，往往只會在意自己說的話，很容易錯失機會打聽出對方內心所求。

因此他們會用自己的方式加以解讀，不顧前後地全力以赴，卻無法展現成果。

坦白說，以前我自己也不了解傾聽的重要性。

我買了很多關於說話以及表達的書籍。當然說話方式和表達方式在工作上都是非常重要的技巧，但是你若總是自顧自地說話，根本無法順利溝通。

當時我真的不覺得自己說話進步，於是去上了溝通表達的課程，後來我就是在那裡學會了「傾聽技巧」。其實善於溝通的人，都很懂得如何傾聽。當時讓我茅塞頓開。

仔細聆聽對方說話，你就會了解對方所求為何。

然後你就能告訴對方如何解決他們遇到的問題，這個順序猶為重要。

當你試圖說些什麼的當下，結果被人插嘴：

「我知道你說的，以前我也是⋯」

「你說的這個就是那件事吧？」

或是話說到一半被別人搶話的時候，會不會半途就不想再說了（心想算了⋯）？在這個當下搶話的人用自以為是的解讀方式，「自認」十分了解你。事實上卻完全無法理解你想表達的事情，而且也沒有察覺到讓你不開心了。

另一方面，如果是擅長傾聽的人，對方就會慢慢敞開心扉，願意進一步與你深入對談。即便是在談生意的場合上，在這之前大家都是一個普通人，都會希望「對方能夠好好聽自己說話」。

理解對方在說話時懷抱著怎樣的意圖及感受，並和對方產生共鳴。不要打斷對方的話，等到對方說完之後，再提出適當的問題：

「你為什麼要做〇〇？」

「你最想改進的地方是哪裡？」

如此一來對方也會更容易信任你。

當你善於傾聽之後，你和初次見面的人也能暢聊工作以外的事，這樣就能開始建立起良好的關係。如能建立良好的關係，遇到小問題時還能方便提問，對方也容易對你毫無顧忌地提出要求。

因為你會聽對方說話，所以你很清楚接下來該做的事以及工作的方向，因為你們建立了良好的關係，所以任何細節也能毫無遺漏。

你是否曾經在不了解對方的需求下全力以赴呢？

「我希望你這麼做，而不是那樣」，只要對方願意告訴你，你就能修正方向，但是當對方明明覺得「我想要的不是這樣……」，卻因為「怕麻煩而選擇不說……」，你的努力可能就不會通往想要的結果。

仔細聆聽對方說話，建立一種你可以問出對方期望及需求的關係吧！

努力 18

必有回報的人**只做不用努力的事，**
沒有回報的人**思考應該如何努力。**

工作上要求的是用最少的金錢、時間及勞力，取得最佳的成果。所以能否做到最少的努力，這個問題是工作計畫的基本要求。

但是許多工作不順利的人，都有這樣的迷思：

「只要努力就做得到。」

「表現不佳是因為不夠努力的關係。」

總是說自己忙到不可開交，卻沒有受到好評的人，多數都是工作效率差，無法展現成果的人，原因就在於計畫不當。

「為什麼這麼努力了卻拿不出成果？」當你無法搏得好評，對工作就會失去動力。

二〇二〇年，日本每小時勞動生產力為49．5美元（5086日元／購買力平價〈PPP〉換算）。日本在三十八個OECD成員國中，排名第二十三。

從統計數據來看，勤勞的日本人儘管付出許多努力，卻沒有帶來成果。**所以要提高生產力，才能保證你可以有更多時間享受工作之外的人生樂趣。**

「努力必有回報」這句話固然動聽，但是一想到「不努力是不是也能得到成果」，答案就是要從提高生產力做起。

「我要提起精神克服難關」，像這樣膚淺的想法就是缺乏思考能力。

努力很重要，但是也要**努力避免白費力氣。**你要想想看「不用努力的努力」這件事。

首先有一大前提，想要展現成果，努力的方向必須保持正確。**為了用最短距離到達目標，必須不斷質疑方向是否正確。**

有一些努力不懈的人，當別人人委託他們準備文件時，他們就會塞進許多資料讓文件變得過度冗長。

你的確會看見努力的痕跡。但是這並不是工作上最合適的做法。準備文件並不是工作的目標。這份文件是為了某些目的所準備，為了實現目的的工具。這些工具應該用最適當的方式，才能達成遠大的目標。

過去有一家公司在進行培訓時，發生過這樣的事。「大家很認真地將教過的東西筆記下來。但是當我問他們對於某一點有何看法時，似乎很多人不但不知道筆記做在什麼地方，而且也無法從筆記中找到需要的資訊」，向我諮詢的人如此說道。我請他讓我看了屬下A先生的筆記，上頭寫得密密麻麻。一字一句全被記了下來，筆記上是一片漆黑。

做筆記的目的是什麼？因為記憶會模糊，所以寫在筆記上，才能在需要的時候將這些資訊找出來不是嗎？於是我告訴他們一個重點，不要將筆記寫得密密麻麻，而要留下許多空白，日後才方便整理內容。

你不必試圖去做很厲害的事情，不如靜心想想如何努力才能避免做白工。

當你過於急躁的時候，只會做出不當的努力，結果往往並不理想。不管是工作、運動或是愛情，都是一樣的道理。

「這些努力真的是有必要的努力嗎？」

「這麼做真的有必要嗎？」

你必須經常一直問自己這些問題。因為當你不知不覺全心投入眼前的工作時，有時你會心想「機會難得，不如也把那件事完成」，於是就連沒必要的瑣事也插手去做。

還在計畫的階段便涉及一些不在預定中的事情，偏離工作宗旨的話也是一種沒有生產力的行為。

想要工作順利、好好展現成果，請你要時刻牢記「努力避免白費力氣」。

努力 19

必有回報的人**勤於報告、聯絡、討論，**沒有回報的人**期望一次通過。**

上級下達的指示、來自客戶的委託等等許多工作都必須按照各方要求進行。這時候對方都會有所期待。假如你解讀有誤，費盡心思的努力可能就會化為泡影。

評價好壞的人，是委託這份工作的人，並不是你。如果和委託人的期待相去甚遠的話，評價就不會太好。

無法順利完成上司指派工作的人，不可能受到好評，在專案小組裡的工作進展不順利的話，有時就不會再獲邀加入團體負責工作了。

如同被美味的照片吸引進到店裡，用餐之後卻令人失望，自然讓人不會想要「再次光顧」一樣。

並不會出現「雖然和期望中的不同，但是已經盡力去做，所以這樣就夠了」，或是「雖然很難吃，但是廚師已經盡力了，所以下次還會再來」的情形。

一般的工作與一次決勝負的比賽不同，正常來說，**當上司或客戶交派工作之後，請務必花點時間向他們確認執行方向。**

「我會照這樣進行，這麼做應該可行吧？」

「照這個步調推動沒問題吧？」

只要儘早確認，即可馬上修正軌道。

當你在高級餐廳點了一瓶葡萄酒，侍酒師都會先請客人品酒。侍酒師會將少量葡萄酒倒入玻璃杯中，以確認客人點的葡萄酒正不正確，或是這瓶葡萄酒有沒有異常。有問題的話，會再更換另一瓶酒。

我在寫書的時候，一開始也會交給編輯幾份樣稿。請編輯確認寫作方向是否合適，寫作風格是否滿足目標讀者，接著再繼續寫下去。

接下來我還會跟編輯說：「我會先給你自認達七十分、八十分左右的稿子，請你毫無保留地提供意見」，然後再繼續執筆。因為我認為的一百分，與出版商及編輯認為的一百分並不一樣。

在沒有好好確認的情況下寫完兩百頁，結果完成的成品和編輯的想像完全不同的話，有可能大部分的內容都得重寫才行。

這樣是不是很辛苦呢？必須重頭再來一次，會讓人打擊很大。

當別人委託你工作的時候，最好可以得到自己能夠清楚理解的指示。但是坦白說，敷衍搪塞的指示並不少見。而且即便在當下你已經在某種程度上做過確認了，但是當你著手去做的時候，一定會出現各種令人不安的情形。

正因為只有在對方身上才能找到正確答案，所以你必須時刻配合對方進行調整。

如果你以為心中的正確答案等於對方心中的正確答案，於是用這種心態工作的話，最終你會得到「盡力花費十小時工作卻沒有回報」的慘痛結果。

努力必有回報的人，會儘早向對方確認：「可以照這樣進行下去吧？」而且中途也會向對方確認是否符合要求，避免白費力氣。

話雖如此，既然你要請忙碌的上司抽出時間，基本上必須確認對方是否方便。因為指示你工作的上司還得查看整體進度，安排計畫並推動工作。

如果你勤於向他報告，他就能掌握你的工作進度，具體思考接下來的指示內容及時間安排，你就會是一個不用讓人擔心的屬下。

從這層意義上來看，勤於聯絡及報告至關重要。

儘早且勤於溝通，以免最終白費力氣，這樣也有助於讓人信任你。

20 努力必有回報的人簡短回覆，沒有回報的人讓人疲於閱信。

當你必須報告工作方面的疏失時，希望盡可能委婉告知對方，可能會令他不悅的要求。

因此前思後想，花了三十分鐘才完成了一封超級長篇大論的工作郵件……你是否做過這類的事情呢？

努力必有回報的人，不會寫出長篇大論沒完沒了的電子郵件。

另一方面，努力沒有回報的人往往會寫出冗長的電子郵件，而且過於禮貌又只在意修辭。想當然爾，回覆一封電子郵件就會花掉太多時間。

即便你試圖努力地仔細撰寫，但是長篇大論的電子郵件卻會令對方覺得「內容過長難以回覆」，不知道你「究竟想說什麼」，還會因為「郵件太長不想閱讀」。結果勢必會導致工作評價變差，難以看出成果。

包含你在內，大家都十分忙碌。並不想閱讀不必要的長篇大論。你自己應該也曾經收過冗長的電子郵件，結果不知道如何回覆，於是花了許多時間才終於回信對吧？

很多時候，寄送電子郵件就是期望對方做出某些反應。希望對方檢視附加檔案，希望對方提出日期以供選擇，希望對方告知能否參加，諸如此類。

努力必有回報的人會「簡短回覆」。用來回覆的要點總是整理得井然有序，很清楚自己要如何判斷再回覆即可。

想要寫出這樣的電子郵件，**你一定要從「結論」開始寫起**。你只需要簡單明瞭地傳達「要點」。要點就是希望對方採取的行動。因此**讀完你的電子郵件之後，你希望對方採取哪些行動，全都要濃縮成一個要點。**

縱使你努力地仔細說明，傳達許多事情，對方也只能理解一小部分。

假如你要傳達的五件事當中，對方只需要理解兩件事的話，我認為你可以彙整在一封電子郵件裡就好，但是你若希望對方完成所有的事，就算你一口氣告訴對方，對方還是會有所遺漏。

「我想和你討論○○的事情，可以佔用你一點時間嗎？」

一開始你要像這樣寫出重點，接著說明具體內容，即可減輕對方在閱讀上的負擔。而且對方會知道自己該做什麼，所以也容易做出回覆。

寄送電子郵件的目的，是在要求對方做出某些反應。

既然如此，為了讓對方加快動作，你得避免讓對方感到困擾、覺得麻煩。

而且你在電子郵件的開場白，譬如「承蒙關照」這幾句，會不會流於形式了呢？所以電子郵件才會變成長篇大論不是嗎？

過去我也是這樣，擔心沒有寫得很得體會失禮，於是盡可能有禮貌地長篇大論。但是最後對方的回覆總是簡短一句話，例如「明白了」、「謝謝」、「立刻確認」。

一開始，我會覺得對方很冷漠，但是一旦自己變成每天都會收到很多聯絡訊息的一方後，才了解根本沒有足夠時間禮貌地逐一回覆。

重點在於能讓對方瞬間理解電子郵件的要點，促使對方做出回應。準確完成這件事，才是電子郵件的使命。

遺憾的是，全力寫出一封冗長且過於禮貌的電子郵件，並無法讓分身乏術的對方看懂這封信。

「我沒有看到那個部分。」

「我覺得只要做〇〇就行了。」

所以對方會敷衍回應，完全不是對方的錯。

你要養成思考溝通目的的習慣，才能將你想傳達的事情表達出來。努力必有回報的人，原本就知道長篇大論很難讓對方理解，所以要設法簡單明瞭地表達出來，讓對方能夠確實理解，才能達到目的。

21 努力

必有回報的人**趕在最後期限精銳盡出，**
沒有回報的人**落入帕金森的陷阱。**

你聽說過**帕金森定律（Parkinson's law）**嗎？

這是由英國的歷史學家，也是政治學家的西里爾．諾斯古德．帕金森（Cyril Northcote Parkinson）所提出的定律，在這當中提到了一點：「工作量會膨脹到可以完成的時間全部被填滿為止。」

當別人交待你「今天必須完成」這項工作時，你會撐到下班的前一刻還在緊盯著資料或電腦螢幕，猶豫著「這麼做應該會更好」、「這樣設計或許比較簡潔」。經常在回家路上才因為「截止時間到了」，不得不放棄掙扎呈報上去。

所以「努力必有回報的人」，誠如前文所言，會依據重要性和緊急性整理自己要做的事情，並且為重要卻不緊急的事情設定期限，設法將緊急性升級。

童年的暑假作業，通常一直到八月中旬都不會讓人覺得重要或緊急，但是在暑假最後一天的期限逼近後，就會一口氣變成緊急事件。因為臨近期限的時候，緊急性便會升級。

既然如此，只要設法讓日常工作的緊急性升級，你就不會在一件事情上花費許多時間「猶豫不決」了。

此時就是心理學上所謂的「**截止日期效果（Deadline effect）**」發揮作用了。「我要在今天下午三點前完成這項工作，並請田中先生做確認」，像這樣**區分工作，設定時限的話，注意力就會提升。**

開會或討論事情也是如此。原本只要直接討論議題，並且報告和討論完必要的時程表後，就能結束會議了。然而三十分鐘就能結束的議題，居然花了將近一小時的時間，這種經驗大家都有過吧？

有時在上半場花了太多時間，不知不覺到了最後只能急就章。時間上還很充裕的上半場，偏離核心的話題往往會不斷增加。

拖延時間的冗長會議，是在浪費寶貴的時間。絕對要避免。如果有好幾個議題，最重要的就是為每個議題設定預定時間。

為每一個議題設定時限之後，就能排除多餘話題趁機而入。只要先暫定每個議題的詳細時間，再視情況調整即可。

並不是花時間就能將事情做好。在工作上最重要的是，如何不花時間產出優良成果。

即便你說「這是本店花費十幾個小時燉煮而成的特色燉菜」，但是不合胃口的料理就是不合胃口。雖然大家明白你的明心，但是說不定花三十分鐘做出來的燉菜吃起來更美味。

同樣道理，「花費好幾小時努力完成的工作卻不受好評」，這就是努力沒有回報的人內心的感想。

他們並不了解，**你能創造出怎樣的價值比你花費的時間更重要**這句話。

我的工作很多都是在不知道正確答案的情況下進行。

正因為如此，努力必有回報的人**會時刻確認自己能否做到符合對方期待的事情，是否能夠超出對方的期待，同時想辦法盡量不要花費過多的時間。**

因此，凡事一定要先設定一個期限。

即便是需要長時間的努力，都要設法將本週內「必須完成的進度」排入近期的行程表中，並且不要在一件事情上花費太多時間。

22 努力

必有回報的人不排斥模仿，沒有回報的人執意追求自我。

我目前在大學及其他教育機構教授英語。用英語表達時，我經常告訴大家：「請大家務必完全倣效這個範本，尤其遇到這種情況直接使用就行了。」

但是很有趣的是，有非常多的人卻認為不應該抄襲。

更有問題的是，我明明請他們好好參考這個範本全力模仿，很多人卻會加進自己的說法。

他們突然想要展現自己的特色，但是最後卻變得一團亂，什麼東西都學不好。

我想搞清楚，為什麼有這麼多人無法直接照著範本好好去做呢？

落合博滿先生在《采配》（DIAMOND, INC.）一書中這樣說道。

「模仿你認為不錯的東西，透過反覆練習變成自己的做法，這就是所謂的技術。模仿正是成為頂尖選手的第一步。誰是首創並不重要，重要的是誰靠這個方法取得成功。」

如果你想要習得技能及知識，關鍵在於找到模仿的榜樣。就像心理學書籍《建模（Modeling）》所說的一樣，**模仿榜樣乃成長之捷徑。**找到模仿榜樣之後，必須仔細觀察他們想法及行為。有時候僅從外部觀察並無法掌握他們的想法，所以不妨試著向這個榜樣人物提問，並且要徹底模仿你自己想學習的一切。

所以第一步就是要全神貫注去模仿。

大家應該有聽說過**「守破離」**一詞。據說是千利休經由茶道體會而來，是一個人要探究某個道理的一個步驟。

「守」是徹底模仿所學事物的階段，也就是建模。

「破」是將「守」的階段學習到的範本，加上自己想要的做法，使範本增添變化。

「離」則是建立創新做法的階段。

努力沒有回報的人，往往認為不應該模仿別人。

突然要他們展現創意的時候，他們一定會從零開始思考並且思慮過多，不知道如何是好。明明只要直接模仿，先做到無意識中可以完成的程度即可。

談到以吉卜力電影聞名的宮崎駿導演，他給大眾的印象就是極具創造力。

但是聽說他年輕時曾經在已故電影導演高畑勳手下工作，有一段時間甚至徹底模仿對方的思維模式、行為舉行、說話方式以及寫作方式。據說他透過這些經驗，才奠定了成為表演者的基礎。

就連榮獲奧斯卡終身成就獎，用他的創造力讓全世界驚豔的人，也是先從貫徹守破離的「守」開始做起的。

開始做一件事的時候，不要從零開始思考，先努力尋找一個好的榜樣。因為一帆風順的人，一定有其原因。

你不必突然想要努力展現創意，創意只是一種手段。

但在工作上，大家想要知道的，並不是你用了哪些手段，而是目標是否達成。

你要不要暫且將個人特色放在一邊，努力嘗試徹底模仿你理想的榜樣呢？

23 努力

必有回報的人**手機不離身，**
沒有回報的人**不懂裝懂。**

和別人開會或討論事情時，你的手機會放在哪裡呢？你會不會覺得一邊談工作一邊滑手機相當失禮呢？

最近我和不同的人共事時，發現到一件事。那就是事業有所成就的人，在會議期間並不會把手機收進包包或口袋裡，而是放在桌子上。

而且他們不只是放著而已，還會一邊開會一邊光明正大滑手機。

當然他們並不是在這場會議中做其他事情。而是在談話中遇到不懂的名詞，就會善用手機當場查詢，努力提升會議的品質。

交換名片的時候，他們對這家公司感興趣的話，除了當面請教對方公司的相關資訊，還會當場連上公司官網。畢竟從當事人口中聽到的訊息並非全部，而且說不定你關注的重點在其他地方。

從網站上找到的發文，也許就會想問對方：「看來貴公司和〇〇公司也有業務往來，不知道正在合作哪方面的工作？」話題便會就此逐漸展開。

前幾天我也遇到了這樣的事情。我有一位目前任職於美國大型漫畫出版社的朋友，他來日本找我商量，想將日本書籍推廣到美國去，於是我為他引薦了A公司的社長。

朋友一邊展示商品，一邊說明：「這就是我們的主力產品。」然後A社長便稱讚道：「這真的很棒！」同時拿起手機搜尋了對方公司的網站及社群平台。接著又問：「原來你們也在做這樣的作品，現在推廣得如何了呢？」後來話題便越聊越開。

如果你總是囫圇吞棗回說「原來是這樣」，或是習慣事後再調查的話，事情想必不會有如此發展。

感興趣的時候，就要當場進一步調查看看。

如此一來，說不定你就可以當場提出高品質的問題，譬如：「看來你們公司也有這麼做，這和B公司的做法有何不同呢？」

大家都希望在有限的時間內，讓會議或協商達到更好的品質。

因此，不明白的事情或是感興趣的事情，就要當場查清楚，並且深入討論。話題若能因此發展下去的話，應該不會有人因為滑手機一事而感到反感。

當然你也可以事後再調查想知道的事情，或是透過電子郵件詢問相關問題，不過手腳快的人肯定會即時行動。

努力沒有回報的人會有一種禮儀觀念，認為「滑手機是不尊重對方的行為」，因此隨後才會進行調查工作。

但是對方很忙碌的話，你永遠不知道何時才有再次見面的機會。重點是要提升當下的品質。不管在商場上或是人生中，時機都是至關重要。很多時候你覺得下次再說，結果就錯失機會了。

有時候並無法單靠事前準備好的資料加以應對。

此時若能向對方展示自家公司的社群平台或影片增加說服力的話，就會覺得很安心。「我們公司最近在進行這項計畫，不知道怎麼做才能更好呢？」像這樣一面拿影片給對方看，然後一面說明的話，對方也才容易想像。

我很習慣線上開會，而且會邊對著螢幕說話邊查資料，還會分享資訊、傳送文件檔案等等，像這樣同步進行的會議，已經不會覺得奇怪了。

即便現在回到面對面的狀態，當我維持這種即時直播的感覺進行會議時，可以當場協商意見，所以很容易展現成果。

試著努力讓每次的機會擁有更高的品質吧！

感到疑問便立即提問、馬上調查，而且要進一步深入挖掘你好奇的事情。

第 4 章

通過！
完成！勝利！

24 努力

必有回報的人**採取因式分解，**
沒有回報的人**無計畫猛衝。**

努力必有回報的人有一個共同點，就是善於「因式分解」36這個數字，可以分解成「4×3×3」、「9×2×2」等等。所謂的因式分解，就是釐清組成要素。這種思維方式有助於解決問題。

如果你想要解決眼前的課題展現成果，這種能力可以分解出你需要哪些「要素」。

當你計畫要增加營業額的時候，你必須分解銷售額是由哪些部分所組成。單靠「我要努力增加營業額」的決心，是行不通的。就算你因此幹勁十足地投入工作，也未必保證能看到成果。

舉一個常見的例子：

【營業額＝來客數 × 單價 × 回頭客來店數】

將影響營養額的要素分成三項。

像這樣進行因式分解，就可以具體歸納出以下結論：

「來客數是增加還是減少？」

「怎麼做才能增加客單價？」

「回頭客佔整體的多少百分比？」

不要訂出「讓營業額成長兩倍！」的目標，而要明確指出應該如何努力才好，例如：「實現來客數一．三倍、單價一．三倍、回頭客來店數一．三倍，讓營業額成長兩倍！」

所以只是下定決心表示「我要努力展現成果」，是行不通的。畢竟這不是一鼓作氣就能做到的事。

即便你努力讀書，想要提升英語聽力考試的成績，但是只要多花點時間聽英語，成績就會變好嗎？

實際上，並沒有這種事。

像是TOEIC或IELTS這些英語測驗的聽力考試，一開始問題和選項都會提供文字，所以考驗的是你快速閱讀並理解的能力。如果無法理解這部分的話，當然無法寫出正確答案。

另外，如果你閱讀完語音轉成文字的逐字稿後，還是無法馬上理解有何含義的話，你就不太可能透過語音來理解內容。讀了也不理解，主要就是因為你不懂單字、不懂文法。

換句話說，要提升你的聽力成績，必須具備以下三個要素。

【快速理解問題、選項的技巧×理解考試中出現的單字和文法×理解英語發音】

當你明白這點，清楚知道現在自己該做什麼再好好努力的話，分數就會提升。

但是實際上卻有很多人只聽英語，然後抱怨「分數沒有進步」。

這時也需要進行因式分解。

如果你的努力不正確，一定不會看到成果，為了做出正確的努力，首先你必須能夠掌握「必須怎麼做」。

一開始就在這個時間點受挫的人其實不在少數。

當你搞清楚「為何而做」之後，再釐清「什麼事情」、「如何進行」、「要做多久」。這種釐清「什麼事情」的做法，就是一種因式分解。

第一次投入一件工作時，可能很難進行因式分解。

在這種情況下，聽聽過來人的意見有時會讓你明白應該怎麼做，所以希望你要向他們請教如何安排計畫才能順利完成工作。

當事情總是無法順心如意的時候，說不定就是因為你沒有做到因式分解。

你不妨先停下腳步，想清楚真正應該怎麼做，如此一來，或許就會察覺到盲點所在了。

努力 25

必有回報的人**認為七十分就好，**
沒有回報的人**以滿分為目標。**

你喜歡滿分一百分嗎？我很喜歡。
但是我不喜歡強逼自己做到完美無缺。
因為對自己要求太高讓自己飽受折磨，根本毫無意義。

以讀書為例，考取七十分的策略與考取一百分的策略就不一樣。
如果七十分便足矣，你在設法提高分數的同時，尚有餘裕考量要放棄哪些部分。
但是當你想考取滿分一百分的時候，你就沒有放棄的餘地了。包含罕見的考題你也必須努力準備，否則就會失分，所以你必須面面俱全。
完美主義者會為自己設定很高的目標，而且過於害怕犯錯。他們會給不完美的自己很差的評價，一直承受著強大壓力，因此很容易精神崩潰。

但是，沒有人是完美的。

人就是會犯錯的生物，而且要從這些失敗中學習才能成長。可是完美主義者會逃避失敗，不承認失敗，他們只想挑戰會贏的遊戲，以致於最後沒有機會從失敗經驗中學習。

美國心理學家史蒂文・伯格拉斯（Steven Berglas）與愛德華・瓊斯（Edward Jones）曾提倡所謂的「**自我妨礙**（**Self-handicapping**）」一詞。

例如「因為太忙所以要等到有空再說」，或是「因為最近身體不太好」等等，你會去尋找不做某件事的理由，**表示你並不是在努力達成目標，而是拼命地在「自我防衛」**。

當你力求做到完美的時候，這種心理就會明顯發揮作用。

假設你要背下英文單字。努力的人通常會想要記住一個單字的所有日文翻譯。以 monstrous 為例，英文拼字看起來很像怪物（monster）。翻閱字典後，你會找到諸如「異常巨大、非常醜陋、可怕、不合理」這類的日文翻譯。每一個翻譯都很像怪物。

但是單字並不會單獨使用，而會與句子中的其他單字組合起來使用，所以你只要掌握大致的語意，實際上並不需要詳細記住所有的日語翻譯。

如果是 monstrous crime，由於 crime 意指犯罪，所以「如怪物般的犯罪」就能解釋成可怕的犯罪。monstrous iceberg 中的 iceberg 是冰山的意思，所以就是「（像怪物一樣）巨大的冰山」。monstrous lie 中的 lie 是謊言的意思，所以應該沒有人會認為這是「可愛的謊言」，而會覺得這是「難以想像的謊言」。

換句話說，根本不需要完全記住所有的含義，但是努力的人就會想要全部記下來。但是過於專注在一個單字上，學習是不會有進步的。

這種人在走投無路時，我要告訴你一句話：「語詞的含義會根據上下文而改變，所以『語詞的感覺』只要掌握百分之七十左右就行了。」

每一天的行程安排也是如此。

當你安排了縝密的計畫，今天想完成那份工作，想處理這件事情，結果卻發生了突發事件，導致行程通常無法照計劃進行。

Facebook（Meta）前營運長雪柔・桑德伯格（Sheryl Sandberg）曾經說過，「如果你試圖完成所有的事情，並期望一切都能正確進行的話，最終你會陷入失望，因為「完美主義為大敵」，她說的一點也沒錯。

既然期待完美會導致失望，不如一開始就放棄一百分。

試著捫心自問：「我真的必須以一百分為目標嗎？」

大家都會覺得完美無缺的感覺最好，但是除了悠關人命的事情之外，在絕大多數的情況下，應該都沒必要做到一百分。

好好地放下吧！

26 努力

必有回報的人**輕鬆記憶，**
沒有回報的人**辛苦死背。**

你的記憶力好嗎？

我每年在超過十所大學授課，包含同志社大學與關西學院大學等校。所以經常有人問我這個問題：「我的記憶力不好，完全記不住單字，我該怎麼辦才好？」

這時我通常會回說：「因為你在逼自己，所以才會記不住。」

當你設法辛苦死背下來之後，下次再遇到這個單字時，你會發現「你以為你已經背下來了，結果根本沒記住」。

在工作上有時為了發表簡報或是談生意時，必須記住各種資訊及數字。但是不管背多少次都記不住的時候，你會不會情緒焦躁，對自己很生氣呢？即使你這樣強逼自己，這些努力及辛苦也不會看出成果。

腦科學的研究已經證實，大腦只要「接觸頻率高」就能記得住，與重不重要無關。

換句話說，不要強迫自己「因為這件事很重要，所以要大腦好好記住」，而要**創造一個增加接觸頻率的機制，才能成為記憶的關鍵。**

反覆傳送到大腦的訊息，自然就會記憶深刻。

你應該也有過這種經驗。當你在新學校或新公司展開新生活的時候，你並不知道任何人的名字。但是過了幾個月之後，你的大腦就會記住大多數同學或同事的名字了。

在這當中包含和你感情很好的朋友或同事，也有交情不深的同學或同事們。雖然這種形容方式並不恰當，在你眼中的「重要度」也因人而異，不過你就是會自然而然地記住名字。

因為你會在點名的時候，「反覆」遇到呼喚某人姓名的情景。這時候就會創造出一個反覆接觸到某人姓名的機制，所以能幫助你記住大家的名字。

事實上我在英國留學不到三年，回國後參加了英檢一級的考試，結果並沒有通過。因為我聽不懂測驗中出現的英語單字。

我很不甘心，發誓要在三個月內背下三千個單字，並且每天朗讀五百個單字。

我買了市售的英語單字書，利用「apple，蘋果」的方式，單純將英語和日文翻譯朗讀出來，第一天從一到五百個單字，後續以此類推。

每天分別輕鬆朗讀五百個單字的話，收錄三千個的單字書花六天就能讀完一遍。第七天再重複朗讀一到五百個單字。我並沒有打算死背下來，只是一直朗讀。

上班和上學搭電車或公車的路上。看電視空檔的廣告時間。如果只是朗讀的話，利用閒暇時間就做得到。

最後我記住了單字書上九成以上的單字，在第二次考試時通過了英檢一級。而且這並不是我第一次運用這種做法，我在出國留學讀研究所期間，同樣花了三個月便成功增加了五千個單字量。

此外有時我也會接到口譯的工作。除了將英語翻譯成日語，或是反過來將日語翻譯英語之外，口譯工作最重要的，就是了解口譯服務的對象。

有一次我在特拉維斯・佩恩（Travis Payne）的活動中擔任主持人兼口譯，他曾為麥可・傑克森及碧昂絲等人編舞以擔任舞台監督。

當時最重要的，就是徹底調查並記下他累積了哪些經歷。何時成為麥可・傑克森的編舞師？出現在哪些作品當中？只要記住對方的資訊，就能預測對話的過程，還能在口譯時進行補充。

當時我用 Word 彙整資訊後列印出來，趁著每天的空暇時間輕聲朗讀。有些內容一下子就記得住，有些內容卻很難記住，總之我就是一直反覆去做。

就算給自己壓力也沒辦法背下來，所以不要想太多，只管營造一些重複接觸的機會。如此一來你便能輕鬆應對，成果肯定也會隨之而來。

27

努力

必有回報的人**為尋找啟發讀一本書，**
沒有回報的人**為讀完整本書而滿足。**

書是一種很棒的東西，當下你可以找到自己的正確答案。

「我很愛閱讀。我想推薦更多的人來閱讀。書裡會有一個無限寬廣的全新世界。就算你沒錢去旅行，也可以透過閱讀進行一場心靈的旅行」，已故的麥可．傑克森如此說道。

我們的時間有限，雖然也有很多機會去學習、思考在我們身邊發生的事，但是世界之大，終究無法憑一己之身懂得所有的事情。

換句話說，我們所知道的世界只是片段，我們不知道的世界更是多不勝數。

閱讀是認識這種未知世界的手段之一。

透過不認識的人撰寫的文章，就能得知這個人眼中的世界。真的是很棒的一件事。

只不過，**根據閱讀的目的改變閱讀方法會更有效果。**

例如看小說是為了享受故事及世界觀的樂趣，應該好好花時間閱讀。然而商業書籍及自我啟發書籍就不同了。

「對話不持續又沉默，總是叫人不耐煩。」

「下屬的工作表現不符合期待。」

「想了解關於業界的最新訊息。」

就是因為你想找到這些問題的答案，才會在書店對你看到的某本書十分好奇。你會從多如繁星的書本當中挑選出那一本書，必有其原因。

但是宣稱每個月都會讀好幾本書的人，每次我問他們：「你們從那些書中學到什麼，又是如何化為行動呢？」多數人的回答都是：「還沒有付諸行動」，儘管他們已經從頭讀到尾了。

當初會買下那本書是為了解開自己心中的疑問，最後的目的卻變成讀完整本書。畢竟是特別買來的書，所以才會決定從頭讀到尾，讀完整本書才會覺得滿足且安心。但是，這樣並不能達到一開始的目的。

與其努力讀完一本書，倒不如嘗試從書中得到的啟發努力解決問題，才能看出成效不是嗎？

如果是以打破現狀、解決問題為目標的話，你要捨棄將一本書從頭讀到尾的念頭。

從兩百頁當中得到一個啟發後就此打住，接著想一想如果是自己的話會怎麼做，然後實際去做做看，最後再加上驗證，這樣才是閱讀一本書最合適的做法。

就算你盡力將一本書讀完，但是如果不能讓你展開行動的話，根本毫無意義。

容我重申，**理解的事情和會做的事情之間，存在著極大差距。所以只是理解的話，任何事情都不會有改變。**

而且我在商業書籍裡覺得「自己已經看過」且熟悉的內容，通常會直接跳過。

我更重視的是找到閱讀的意義，能讀到讓自己覺得「前所未見的思維方式」、「從來沒做過的嘗試」。

總而言之，我們可以透過閱讀發現全新的價值觀及資訊。

而且我們得想想需要採取哪些行動，才能馬上活用這些全新的價值觀及資訊。進而打破自己原有的刻板印象，建立新的思考模式。

說不定一篇短文或是一句話，就能改變你的人生。這就是閱讀最美妙的一點不是嗎？

關於如何活用閱讀知識於行動當中，以及從行動化為現實的方法，在拙作《「すぐやる人」の読書術（暫譯：「行動派」的閱讀技巧）》中，會有更具體的建議，請大家多加參考。

努力 28

必有回報的人**用薄薄的參考書調整節奏，**
沒有回報的人**因厚厚的一本書備感挫折。**

能夠做到以前做不到的事，真的會令人很開心。

但是當你跳箱只能跳五層，卻希望自己能跳到十層，於是突然挑戰跳十層的話，結果會如何呢？你會看到自己跌落的慘狀。

然而不知道什麼原因，事關讀書的時候，大家就會嘗試做出不合理的行為，所以才會挫折不斷。

在我的公司，經常有想要前往外國大學或研究所攻讀的人前來諮詢。留學必須參加 IELTS 或 TOEFL 這類的國際英語測驗，不過這些測驗都相當困難。所以大家起初都是鬥志高昂，一下子就買了厚厚的書來讀，心想：「我一定要把這本書看完！」只不過多數都是失敗收場。

若是沒有基礎實力，真的難以應付困難的測驗。畢竟做了練習題還是會錯誤百出，甚至不知道哪些問題該如何改進。就像一位數的乘法都沒學過的小學一年級學生，試圖要挑戰二位數的乘法一樣。

面對 IELTS 和 TOEFL 的測驗，首先你必須能順利回答英檢二級程度的問題，否則根本不具備基礎實力。你會因此備感挫折，也是天經地義之事。

以前我完全不會讀書，高一時偏差值只有三十幾。

我很想變得很會讀書，於是買了參考書，結果別說是三天打魚，兩天曬網，才第一天我就感到極度灰心。參考書一直擺在書桌的書架上，偶然想到拿出來時，總是覺得很自卑，感嘆自己還是做不到。

有一天，我為了準備大學考試，想要克服最不擅長的日本史，於是試著去讀了適合小學生閱讀的「看漫畫學歷史」系列叢書。因為我實在太沒常識了，所以就算我讀了高中的教科書還是一知半解，腦袋完全無法吸收。如果是漫畫的話，人物會活靈活現重現眼前，用看故事書的方式就能學習。

我心想：「這樣我應該做得到！」於是先做再說。每一個人都會想要早一步變成理想中的自己，但是突然嘗試不合理的跳躍，受傷的可能性就會大幅上升。

這在教育心理學中稱之為**鷹架理論（Scaffolding）**，為現在的自己創造一個立足點，以達到理想中的自己是很重要的一件事。

當你覺得「太難了吧」、「不懂的事太多了」的時候，你就不太能夠提得起勁。太多的新事物，一定會造成心理上的負擔太大。

與其如此，倒不如讓自己覺得「這樣也許做得到」，也就是在你十分「有把握」的狀態下，做一些你感覺「有些新鮮感」的事情，這樣你就能堅持下去而不會碰到挫折。

現在這個時代，很容易從評論就能找到一本受到大眾支持的書籍。但是並不保證這些書一定適合你。

我認為最好不要上網買書，盡量到書店親手挑選直覺「自己讀得下去」的書。這種「讀得下去的感覺」，才是最重要的關鍵。

八成左右為已知內容，二成左右為全新內容的書才是最適合的。

我們在比較類似的書籍時，總會不知不覺選擇內含更多新知識的書。因為同樣花一千日元的話，內容為大量未知知識的書感覺「很划算」。

我明白這種感受，但是關於「學習」這件事，如果有太多不懂的事情，遇到挫折時就會讓你感到很灰心。

況且買書的瞬間，是「學習」熱忱達到最高點的時候。買完書之後，你的熱忱就會一天天隨著各種原因及藉口而消退。正因為如此，選擇比自己能力多兩成左右的參考書，才容易堅持下去。

一開始太過投入而受挫的話，會很難重新打起精神。建議你要想辦法不斷累積「這樣我應該做得到！」的感覺。

努力 29

必有回報的人**利用晚上復習，**
沒有回報的人**睡一晚忘個精光。**

讀書能展現成果的人都有一種特質，他們十分清楚何時該復習。

他們認為在讀書的過程中，**讓知識完全吸收會比繼續學習下一步更重要。**

另一方面，一直努力學習下一步卻無法完全吸收知識的人，可能並不注重復習的部分。

誠如前文所言，除非真的很簡單，否則你很難學過一次就能完全吸收知識，轉化為一技之長。

持續重複是提升學習成果的關鍵，最重要的就是養成「何時復習」的習慣，一般來說：

- 二十分鐘後會忘記42％，記住58％
- 一小時後會忘記56％，記住44％

- 一天後會忘記74%，記住26%
- 一週後（七天後）會忘記77%，記住23%
- 一個月後（三十天後）會忘記79%，記住21%

這是由心理學家赫爾曼・艾賓浩斯（Hermann Ebbinghaus）主導，關於人類大腦記憶保留程度的研究結果，大家應該聽說過「**艾賓浩斯遺忘曲線（Forgetting curve）**」一詞。

人類的大腦到了明天就會忘記今日所學的四分之三。在這種情況下，我們必須設法解決才行。

遺忘是很正常的事情，所以要在有效的時間點復習，才能確實留下記憶，而不會步上遺忘之路。

因此我經常推薦大家，而且很多人也覺得相當有效的方法，就是**利用晚上復習早上所學。**

早上出門前花個三十分鐘或一小時讀書，晚上再復習相同的內容，這樣就能趁記憶猶新的時候溫習而不容易忘記，加深理解的程度。

在工作上或學校裡努力一整天之後，晚上大腦會感到十分疲累，所以就算嘗試新事物也往往不會有所進展。你會開始想起當天發生過的許多事情，無法長時間保持專注也是常有的事。

但是你如果開始在晚上復習早上學過的東西，就會進行得比較順利，壓力也會少一些。畢竟是在復習，所以不必長時間集中注意力也不會造成問題。

而且晚上入睡後，大腦內部會進行訊息重整，所以晚上復習過的內容很容易記得住，形成一種理想的記憶過程。

一直沒時間復習的話，一定會忘記更多的事情。如此一來，就會讓復習時的負擔變大。

所以，除了決定「何時」學習「什麼」之外，還須規畫「何時復習」學過的東西。

關於早上學習的習慣養成，建議你要早起、早點出門。

比平常提早三十分鐘或一小時離開家裡。到公司或學校附近的咖啡廳，一邊喝咖啡之類的熱飲一邊讀書。

養成「提早出門」的習慣，會比「在家讀書一小時再出門」更容易，請大家一定要試試看。

而且當你下定決心要「晚上復習」之後，就算早上的學習進度無法完全如你所願，你也能夠安慰自己大致理解即可。因為晚上可以彌補不足的部分。**不是「打鐵趁熱」，而是堅持「讀書要趁記憶猶新時復習」的話，你的努力就會定型。**

既然全力付出了，就要讓這些努力有效地化為知識及技能。

30

努力

必有回報的人**靠動名詞確認理由**，沒有回報的人**堅持到底**。

在體育界，一定會出現一些很努力卻無法經常上場的人。這種情形在出社會後也是如此。有的人總是拿出好成績獲公司表揚，有些人再努力也無法展現成果，因此擔心「自己是不是能力不足」。

任何人能夠成為正式選手盡情發揮實力的話，都會很開心；工作上隨時都可以如願展現成果的話，肯定很快樂。可惜事情並不會那麼順利，所以才讓人煩惱。「繼續努力的話，總有一天會受到認可成為正式選手！」就算有人如此鼓勵你，但是聽起來是不是很像在說別人的事？「即便無法出賽，也要好好努力，協助訓練，全力加油，為球隊盡心付出的經驗，未來都會派上用場的！」雖然別人這樣跟你說，但是你根本不是為了這些目的才開始這項運動的。

看電視後才開始迷上的運動，或是在鄰居哥哥邀約下才主動開始嘗試的運動，肯定非常有趣。

在這裡，我想要總結出一個重點，身處在努力也很難展現成果的環境下，既然受盡千辛萬苦，「為什麼你不考慮退出那個球隊或社團呢」？

職業運動員即使無法以正式選手的身分參賽，他們也簽訂了合約並得到報酬，所以他們會拼命思考如何在安身之處發揮實力，努力付出。

但是身為業餘運動員在投入運動的期間，多數人都不必將這件事視為義務。明明不是義務卻想堅持下去，背後應該有某些理由，只是你並未意識到。

那會是積極的理由還是消極的理由？你有何看法呢？

思考這些理由的切入點，便在於動名詞。

你還記得英語課上學過動詞＋ing 就是動名詞嗎？動詞加上 ing 後，就是**「做某件事」**的意思。比方說 eat 加上 ing 後，eating 就是吃飯的意思，read 加上 ing 後，reading 就是讀書的意思。

言歸正傳，當你身處於努力也沒有回報的環境下，讓你堅持下去的原動力是什麼呢？並不是因為喜歡足球、喜歡棒球這種模稜兩可的原因，不如想想自己「為什麼喜歡這項運動」、「從事這項運動時最喜歡哪一點」。

舉例來說，是因為喜歡和這群隊友在一起，就算不能出賽，也很開心能為球隊加油，喜歡身為這個球隊的一員。

就是要像這樣，具體想想看你喜歡「做什麼事情」。

如果你覺得現在的環境很痛苦「卻無力脫身」，這樣的想法其實很不妥當。因為你會養成忍耐的習慣。當然凡事都立即放棄也不是好事，但是習慣忍耐之後，你就會開始以為「人生就必須忍耐」，將來出社會後，你也會深信「忍耐是美德」的觀念。

覺得「很奇怪」卻又無法說出口而一直忍耐，感覺「不合適」但是心想「必須和大家和睦相處」，於是勉強自己。

接下來，你真的就會得到回報嗎？

想要得到成果，做出正確的努力猶為重要，但並不是努力就一定會有回報。只要繼續忍耐，過陣子也許就會有好事發生的想法，只是一種可悲的妄想。許多歐美球員，當他們發現自己無法出賽後，就會轉到其他球隊。當然球隊也有一套接受這類選手的體制。

無法順心如意的時候，想一想「為什麼自己不想放棄這件事」。

如果你想不出一個你喜歡「做某件事」的動名詞，似乎真的有必要檢討一下，堅持下去是否為正確的做法了。

第 5 章

不可破壞的
人際關係

31

努力

必有回報的人不會指望別人，沒有回報的人會被憤怒左右。

「我這麼做的話，這個人會開心嗎？」

「對方會喜歡嗎？」

在腦海中想像對方會開心的情景再採取行動，沒想到結果卻不盡如人意的時候。

「為什麼……」、「明明費盡苦心……」的想法就會湧上心頭。

明明你是為了對方著想全心付出，卻感覺自己沒有得到回報。

為別人著想、為別人付出是好事，但是我們無從決定對方會因此做出哪些反應。

你應該也有過相同的經驗。當你正在減肥，卻有人送給你看起來十分美味的甜點，或是店家竟贈送你不敢吃的豬肝。

你明白對方是為你著想，以為你會開心才會這麼做，但是一定也會有讓你反過來感到困擾的時候，所以每個人都是一樣的。

努力必有回報的人，不太會在意自己的行為會不會得到回報。只是全心全意去做自己覺得「對」的事情，或是「想做」的事情，並不在乎那件事是否有何目的。

做自己覺得對的事情，本身就是一件很棒的事。過去的一連串過程到此結束，會讓人感覺十分美好。

但是，對方是否接受又是另一回事了，你必須切割開來思考才行。

我對搞笑藝人明石家秋刀魚的話印象深刻。

「我是因為喜歡才會去做，就這樣結束即可。不該認為這件事要有回報。如果你很努力去做，結果卻是如此，肯定會讓你很生氣。所以不應該要求別人回報，能夠不要求回報才是最偉大的人。」

「因為我想要試試看」、「因為我喜歡才會去做」，這樣才是最理想的狀態。從旁人的角度來看覺得他十分努力，然而在他本人眼中卻是「因為喜歡才會去做」。

在人際關係中感覺得不到回報的時候，請你停下來想一想。

你的那些努力，真的是為了對方著想嗎？或是你想要透過為對方做些什麼，來滿足自己呢？

幫助對方的時候，你會希望得到某些回報。如果是這樣的話，當對方連一句感謝都沒跟你說的時候，你會後悔自己幫助過對方而感到難過，有時還可能對對方感到憤怒。

你的目的是為了將對方的杯子倒滿水，還是想透過為對方著想的行為來為自己杯子倒滿水呢？只要稍微停下腳步，你就能冷靜思考。

不過我並不希望你出現這種想法：「自己不應該試圖為自己的杯子裝滿水」。**身為一個人，為對方做了某件事之後，總是會忍不住想要得到回報。你要明白這是很正常的事情，而且你要認同想要得到回報的自己。**

如此一來你就會察覺到「我做了這麼多，沒想到那個人卻……」的情緒源頭，就是「想透過回報得到滿足的自己」。

相信你會發現，就算對對方感到生氣，也不會對任何事情有幫助。

不會生氣的人，並不是脾氣好的人，而是不會指望別人的人。

失望的源頭是期望，因為有了期望才會失望。

這些憤怒及失望是從何而來呢？只要你試著從客觀的角度去審視，或許你就能放下對他人的期待了。

32 努力

必有回報的人**傾聽對方的心聲，**
沒有回報的人**堅持自己說的才對。**

「不管怎麼想，肯定是B比A好。」
「這種想法究竟是從何而來？」
「再怎麼看應該都是你的錯。」

雖然你盡全力想說服別人，卻無法改變對方的想法。你也曾經遇過對方不肯同意的經驗吧？

為什麼對方就是不懂？這種情形會讓你感到壓力很大。

努力必有回報的人，都知道「正確的言論無法影響一個人」。所以他們不會隨便聲張正確言論，因為他們都明白這是白費力氣。

假設你用正確論點在最後將對方逼到絕境，當下壓制對方，對方也許會不甘心地屈服，但是終究難以想像他們會接受一切。

他們反而會因為心理上被逼入絕境，甚至想要反抗逼迫自己的人。最近開始流傳起「邏輯騷擾」一詞，也就是 logical harassment。這是一種聲張正確言論，讓對方在心理上被逼入絕境的騷擾行為，如同性騷擾和職權騷擾一樣，都會造成問題。

我們每天都在運用理性，想要透過邏輯思考過生活，但是事實上我們卻是經常以感性為優先。

舉例來說，原本打算回家後開始讀書，但是白天發生了令人不悅的事，結果根本沒心情讀書。

明知道必須準備晚餐，可是今天就是沒心情做飯。

從車站回家的路上本來想要省點錢，可是今天的工作比平時更累人，而且又下起雨來，所以今天還是決定搭計程車回家。

諸如此類，當你的想法在理性與感性之間動搖時，往往都是感性佔上風。

因此，如果你希望別人採取行動，只靠正確言論是行不通的。

「頭腦明白，但內心卻不接受」，這種情形屢見不鮮。

「為什麼要做這種事？不管怎麼想，這麼做都太奇怪了！」聽到別人這麼說的時候，透過邏輯思考也許的確如此，但是心裡卻不太舒服，反而會生心抗拒，覺得「這個人完全不了解我的心情。甚至不願意聽我說」。

以前我也會嚴厲指責對方的錯誤和疏失，告訴他們「必須這麼做才行」、「那麼做是錯的，因為…」，試圖用正確論點促使對方改變行動。

但是不少人的反應卻是：「我知道你說的都對，但是…」。

自我反省之後，我才明白用正確言論無法抓住一個人的心。想要讓別人採取行動，最重要的是傾聽對方想說什麼，而不是聲張正確的言論。

你不必去思考眼前的事情是對是錯，你要關注的是「事情為什麼會變成這樣」、「怎樣的想法才會造就如此結果」。問出這些答案之後，最重要的就是一同思考如何改進，這些努力能幫助你和對方建立起長久的信任關係。

缺少信任關係的話，對方就不會想要聽你說話，當務之急，就是自己要聽對方說話。而且還要傾聽對方的心聲，並不是聲張正確論點，你要傾聽對方的心情。

歸根究柢，這種溝通的目的到底是為了什麼呢？

如果是為了打敗對方，只要從頭到尾提出正確言論即可。

但如果溝通是為了讓團隊成員朝著正確的方向努力，期待團隊展現更好的成果，希望從此和對方建立良好關係的話，那就另當別論了。

我們不可以對眼前發生的事百般責難，應該一起用心檢討為什麼會發生那種情形，齊心協力解決問題。

努力 33

必有回報的人靠缺點交朋友，沒有回報的人單打獨鬥、孤軍奮戰。

還是有不少人認為，努力就是咬緊牙關盡力而為。

在日本的教育環境下，也是單打獨鬥的時間比團隊合作的時間還多。所面臨的課題中有很多環節都必須獨自解決。所以擺放在教室裡的課桌椅，普遍都是全員面向講台的方向。

因此當我們出社會後，往往會覺得必須一個人解決問題才能取得成果。

另一方面在英國的學校裡，則是每堂課會有五、六個人面對面圍坐在一起。多數時間都是團隊作業解決問題，要求團隊合作展現成果。

當然大致上來說，團隊裡都會有「能幹的孩子」與「不能幹的孩子」，靠團隊力量帶動跟不上的孩子，取長補短的教育理念也不無道理。

每個人的能力和天分就算參差不齊也沒有關係。

因為在這樣的團隊裡，通常在意的是如何提升成果。

在同理心的時代，最重要的就是顯現出自己的個性。

我在二〇二〇年的夏天，成立一個名為 MATCHAMORE 京都山城的足球俱樂部。現在這個社會人士組成的球隊約有三十名球員，目標是在二〇三〇年加入日本職業足球聯賽。我們希望能藉由運動的力量為當地社區做出貢獻，但是球隊營運都需要資金，金額已經超出了我個人能夠承受的範圍。

以前如果沒有資金就只能選擇放棄，或是先從一點一滴存錢做起，不過當時我選擇了群眾募資。

我向許多人提出了不情之請，讓眾人參與其中，從一百八十八人身上募集到超出目標金額的 233 萬日元。

努力必有回報的人，會巧妙地讓眾人參與其中，並用最短時間達成目標。

反觀努力沒有回報的人，只會想到自己能做什麼，利用手邊現有的資源，所以當資源不足時，就會試圖靠自己努力解決問題。

這樣實在很可惜。誠如我多次強調的，努力是為了達成某個目標的手段之一。明明可以採取很多方法達成目標、展現成果，卻不借助其他人的力量，就會限縮自己的可能性。

我在很喜歡的一家居酒屋裡，看到了一張標語上寫著「最後點餐時間為十點半，不然我會趕不上末班電車」。

過去在日本「以客為尊」的傾向十分強烈，勞動者的權益並未受到重視，但是現在已經不是這樣了。大家的觀念變成「趕不上末班電車會很慘，只能配合店家」。

整個店裡的氣氛變成盡全力撐到最後點餐時間，請大家好好享受並支持。也就是說，不再是「店家」與「顧客」之間的關係，而是一種大家成就了這家店的態度。

坦率地展現個性，難道不好嗎？

與其裝模作樣，賣弄自己有多厲害，倒不如曝露自己的缺點，告訴別人「我擅長○○，所以會盡全力去做這方面的事，但是我不善於ＸＸ，所以請其他人來幫幫我」，讓別人參與其中，才能得到更多的支持。

在「人」與「人」彼此對抗的時代裡，個性才是一種武器。裝成一副完美無缺的模樣，在這個時代已經是過去式了。**誠實面對每個人都有的缺點，敢向別人提出來討論，才是贏得他人共鳴的關鍵因素。**

盡力做好自己能力所及之事，並且提出自己的弱點，然後尋求別人的幫助，依賴其他人並不是壞事。

這一切都是了達成目標、取得成果，讓一個人做不到的大事，得以順利達成。

努力 34

必有回報的人**讓別人當英雄**，沒有回報的人**不想給人添麻煩**。

你知道史丹．李（Stan Lee）這個人嗎？他是創造出蜘蛛人、X戰警、復仇者聯盟、無敵浩克等角色的人。

過去他來日本的時候，我曾一度和他與他的團隊共事過。創作出大部分的漫威漫畫，也是漫威漫畫創辦人的史丹．李，他有一件事令人十分意外。

這件事就是「他不會畫畫」，他不懂得如何畫畫。

史丹．李是提出構想，寫成故事，再將故事告訴漫畫家，請他們將故事畫出來。接著將完成的作品加上回饋意見，同時與他的構想相互整合之後，才讓無數的傑作不斷登上世界舞台。

縱使他不會畫畫，還是創作出那麼多的英雄，靠著漫畫和電影席捲世界。

如果你很愛看漫畫，很想創作漫畫的話，平時應該會練習畫畫。但是當你發現自己畫不好的時候，是不是會覺得「自己沒有畫畫的天分」而心生放棄呢？很多時候你是不是會「冷靜下來」，不會勉強為之？

但是努力必有回報的人，並不會自己當英雄，而會設法讓別人成為英雄。所以即便遇到一個人無法克服的難題，也能與其他人攜手合作並加以克服。

在日本經常會聽到「不想給人添麻煩」這句話。

但是人生在世，給人添麻煩是天經地義之事。你為什麼不反過來想，因為自己能力不足才能讓別人發揮他們的優點。**你要有一種觀念，讓別人發揮你不具備的優點，藉由團隊力量達成自己無法單打獨鬥完成的事情。**

話雖如此，我剛開始經營足球隊的時候，有一段時間也曾經覺得不該給別人添麻煩，必須自己盡力去做。

心想「我不需要靠別人也能做得到」，一直單打獨鬥，結果走投無路，事事不順。如今想來，當時大概是想獨占功勞。我想聽到別人跟我說：「你很棒」、「你很努力」。

但是在這種情況下，能力所及之事有其極限。與其自己從零開始規畫一切，倒不如從過來人身上尋求建議，更能掌握到重點。

目前我們的球隊，由曾經在日本職業足球聯賽讚岐釜玉海足球隊，擔任過九年教練的北野誠先生擔任顧問，請他提供協助。他曾帶領過球隊從地區聯賽進入日本職業足球聯賽，從他以往經驗提出的見解和建議任誰都無可比擬。即便我拼命學習足球俱樂部的經營方式，也不可能迎頭趕上。

北野先生是日本職業足球聯賽屈指可數的知名教練，我希望「他能成為球隊顧問提供協助」的心願實在是狂妄至極，不過時至今日我每天都在想，如果當初沒有得到北野先生的協助，現在不知會如何？幸好我有鼓起勇氣提出邀請，真的十分慶幸。

不可以給別人添麻煩，於是一再忍耐。
不可以依賴別人，逼自己必須一個人想辦法。
如果你強烈認為不可以給人添麻煩的話，你會想怎麼做？比起自己的想法，總是以他人的想法為優先的話，你會變得很痛苦。

人是脆弱的，做不到的事情非常多，也有不足之處。
所以才要同心合力、互助合作，也許這樣才是一個社會的組織。不需要盛氣凌人故作堅強，我們要設定遠大的夢想及目標，彼此讓對方成為英雄。

35

努力

必有回報的人**捨棄「相互理解」，**
沒有回報的人**因網路攻擊疲於奔命。**

許多人都希望「可以相互理解」，因此感到十分痛苦。

但是在現實中，即便是親子、夫妻、男女朋友，也不可能完全相互理解。因為彼此是不同的人。

就算因為生長的環境、與生俱來的個性及日積月累的經驗，會形成相似的價值觀，讓彼此在某些部分得以相互理解，可是終究只是一部分。

而且和價值觀完全不同的人在一起，無論你多努力，還是無法和他們朝著完全一致的方向，以相同的速度前進。這點是我去英國之後才學到的事。畢竟生長環境不同，再加上種族、膚色及宗教也完全不一樣，所以必然如此。由於彼此的背景截然不同，所以在前提上就會出現分歧。

即便這樣，還是會形成一個社會。**一個社會並不是因為凡事相互理解才會成立，而是因為尊重才會成立。**

尊重就是放棄相互理解這個念頭，並且從對方的生長環境、民族性、宗教等構成的個性，解釋他們的言論及思維。此外，從對方的角度來看，他們也可能將你的出現視為一個不可思議的存在。

換句話說，為了尊重對方，最重要的就是不要深信「自己是正確的」。因為在不同的背景下所產生的思維方式，使得「各自都會認為自己是對的」。

在日本這個國家，價值觀也十分多元。將「總有一天會相互理解」的想法套用在對方身上，最終你很有可能會比以前更加徒勞無功。

而且越認真的人，往往會遭遇社群媒體上鋪天蓋地的誹謗中傷。

想要解開誤會讓對方理解自己真正想要說的話，覺得只要詳細說明對方應該就會理解……於是盡力想將自己的想法告訴對方。

但是到最後，想要相互理解的卻只有你自己。

因為對方從一開始，目的就是要惡意貶低。他們唯有創造出比自己更不幸的人，才能維護他們的自尊心，所以你越是緊抓住對方，越是正中對方下懷。你不顧一切努力的模樣，會讓他們開心不已。這世上就是有如此可悲的人。

想和這種人相互理解，就是在白費力氣。你只能選擇忽視，或是敬而遠之，甚至拒絕往來。

會來攻擊你的對方，如果覺得「挑釁你也不會隨之起舞」，無法以你為攻擊對象時，就會去別處尋找下一個「目標」。

不如用你的精力更加珍惜那些願意接受「真實的你」的人。

努力必有回報的人，總是認為「基本上人們無法相互理解，若能遇見相互理解的人實在是三生有幸」，所以不會勉強自己配合對方，努力贏得好感。大家本來就是不同的個體，當然不可能相互理解，以此前提才能建立更健全的人際關係。單憑這點，心情也會輕鬆許多。

現在是社群的時代，很容易透過社交媒體找到能夠分享價值觀的人。在這個時代裡，我們不必勉強自己迎合周遭的價值觀，也可以生活下去。

不需要完全相互理解，只要彼此某部分可以相互理解就好，換句話說，若有能夠分享的東西，只要好好珍惜這部分即可。

如果你想和對方相互理解的話，就要試著努力看看。當你努力試過，但結果失敗的話，就要馬上放手，不要執著於此。因為你無可奈何，畢竟他是別人。

這是你自己的人生，所以不必勉強彼此做不想做的事，好好過生活就好。

36

努力

必有回報的人**凡事不求回報**，沒有回報的人**執著有施有受**。

我曾說過不要對別人抱持期待，不管你多麼為對方著想，如何善待對方，是否要接受這些是對方的自由。這點大家都是一視同仁，你也是如此。

並沒有你為對方付出，必定會有所回報這種事，任何關係皆是這樣。

無論你多喜歡對方，為對方做了許多事，也無法知道那個人會不會喜歡上你。你更不會知道，當你為對方付出一切之後，會不會得到相對的回報。因為每個人心裡想的並非都是有施有受。即便你給予了，也不知道會不會得到什麼。

所以努力必有回報的人，並不會在有施有受的前提下行事。自己想為對方付出，才會去做。對方是否會因此有所回報則是對方的自由，所以並不會以回報這件事作為先決條件。

但在另一方面，努力沒有回報的人注重這種有施有受的觀念，才會感到壓力。

「我特別為你做了這些，為什麼你會這樣？」

「我都告訴你了，你卻沒有正面回應！」

「都是我在為你付出！」

他們會覺得努力付出竟是白費力氣，為別人著想卻犧牲了自己。明明有其他想做的事，卻抹殺自己的想法，一味忍耐。而且從小就將「忍耐會帶來好結果」的觀念深深烙印在腦海中，一直認為犧牲自己為別人付出一切之後，自己也會因此得到幸福。

「你必須將真正的愛與執著區分開來。前者是不求任何回報，也不會受外在因素影響；後者則會因突發事件及情緒出現變化」，這句名言出自第十四世達賴喇嘛。

許多人渴望回報，往往用自己的價值標準向對方提出要求。所以對方會有一種感覺：「你做〇〇是天經地義之事」，變成一種有施有受的思維模式。

換句話說，這是一種給予的狀態，先決條件是你希望別人照著你的意思去做，所以當別人沒有照你的意思去做的時候，你會不解「他到底在想什麼」。

當你越是為對方好、為對方著想時，是不是越期待得到什麼？

如果是這樣，你不如為了自己去做，不需要考慮對方。只要為了自我滿足去做就行了。

因為「親切待人的自己最棒」，自己的良心不允許自己對有難之人見死不救，所以才會關心對方，一切到此結束就行了。

「主動幫忙」之後擅自期待對方酬謝，就會因此覺得努力沒有回報，所以不如不要期待得到回報。

越想要自我滿足的人，越不會將自己的價值標準強加在別人身上，最終自己才不會感到壓力。在有施有受的觀念下感到壓力時，儘管是自己的問題，有時也會誤認成對方的問題。

所以不需要有施必有受，只要秉持「我想做才去做」的心態就行了。不要期待任何回報，儘管全力以赴，有時候這麼做反而才會看到成果。

總是全力以赴的人，經常專注於自己應該怎麼做，所以他們可能無暇擔心別人對自己的行為有何反應、是否會確實得到回報。

最終，未來只會因為我們所做的一切而改變，而且這是我們唯一擁有的選項。捨棄為別人付出的想法，大膽宣示「因為我想做才去做」就行了。儘管勇往直前吧！

努力 37

努力必有回報的人「勇於嘗試」不同事物，沒有回報的人堅持「一成不變」。

與志同道合的人或是價值觀相同的人共渡時光，會很輕鬆愉快。但是和自己明顯頻率不同的人來往，就會感到有些困擾。

努力必有回報的人，經常是心胸開闊。

他們不會矯揉造作，而是樂觀進取，願意接受更好的方法，並且積極嘗試。他們覺得自己的知識不一定正確，會想要吸收新的知識。

而且，學習任何事情都不會有先入為主的觀念，因此可以深入學習廣泛的知識。同時他們認為自己的做法未必是最好的方法，如果有其他好方法也願意採用。

但在另一方面，努力沒有回報的人總是認為自己的想法及做法才正確，往往呈現封閉心態。他們抗拒學習新事物，堅持自己的做法，因此俗稱的**維持現狀的偏見（status quo bias）**就會造成影響。他們會出現一種心理傾向，就是**不想接受未知的事或是從未經歷過的事。**

有一種認知偏誤（Cognitive bias）稱作「**確認偏誤（Confirmation bias）**」。就是**當你出現某種迷思，就會一直蒐集支持這種迷思的資訊，將反對意見遮蓋起來。**尤其現在很容易在社群媒體上找到與自己價值觀相似的人。

只不過，倘若你沒有考慮到錯誤的可能性，你就不會知道自己的想法或是做法是否正確。心胸不開闊的人，更會出現不想改變自己想法的傾向，不自覺地只接受迎合自己的資訊，所以才會陷入越來越深的偏見。

想要成為更好的自己，最重要的就是懷疑自己，然而這麼做卻相當困難。所以我認為，關鍵在於要認識和自己不一樣的人。

而且當你認識和自己不一樣的人之後，你要去思考他們為什麼和自己不同。你要試著去想一想，他們為什麼會有這樣的想法，背後存在著怎樣的價值觀。

此外，出國走走也是一種很有效的做法。

相較於電車會準時到達的日本，有些國家幾乎不會準時抵達。你不可以否定這件事，應該試著去想想原因為何。

巴黎的升降梯並沒有「關門」鍵。當初我像往常一樣急著想按下「關門」鍵的時候，覺得自己十分丟臉。就在這瞬間，讓我學到了對於人生不同的價值觀。

每次我搭乘倫敦地鐵，經常會看到同性伴侶。這時你不可以罔顧事實覺得「難以想像」，而要思考日本社會同樣也會面臨多元性別時代的到來，你便能想像夫妻及家庭未來的模式。而且近來在日本，也開始漸漸對這種情形有所認知了。否定並不會帶來任何進步。彼此認同，相互展現優點，才能創造出更美好的社會。

這個時代就是因為有些人的觀點與絕大多數的人不同，所以時代才會進步。一個時代的特殊份子，也就是那些被人看作是異類的人，才會改變時代。

想法與你不同的人，說不定正走在時代的前端，因為凡事皆有可能。

索尼創辦人井深大先生曾說：「當常識與非常識出現衝突時，就會形成創新」。

你對新事物會保持開放心態嗎？

你是否會拘泥於一成不變的做法或是已知的範疇呢？

你在面對新創意、新資訊以及新意見時，都要樂於敞開心胸。

試著質疑自己在過去一直覺得理所當然的想法。

當你心中的「常識」與你不認同的「非常識」出現衝突時，說不定就會誕生全新的觀點。

38

努力

必有回報的人**重視獨處時間**，沒有回報的人**渴望人群**。

與大家應該聽說過榮格（Jung）發起的「**人格面具（persona）**」一詞。臉上寫著「○○公司的ＸＸ代表」、身為丈夫或妻子的顏面、身為爸爸或媽媽的顏面、學習時的面孔、最近開始上健身房或英語會話課時的表情等等。

原意指的是「面具」，其實我們在日常生活中，都會依照不同場合戴上「面具」過日子。

也就是說，不管我們自己是否有意識到，我們的態度和行為都會根據地位、角色及場合而改變。因為我們都在「扮演一個角色」。

「從今開始，我的人生會如何呢？」

我在高中一年級的冬天，發生一起事件登上了新聞版面。年僅十六歲就受到警察及法院關照，這是我人生中第一次對自己今後的人生會如何發展感到不安，到現在仍讓我印象深刻。雖然我能逃過退學的命運，卻必須接受停學處分，在家反省兩週時間。那時我完全與外界隔絕，這才初次有機會與自己面對面。

我在國中時期原本是足球社的一員，三年的時間大部分都在踢足球，總是和社員們形影不離，從來沒有深入思考過自己的處境。每天都像被人追趕一樣，為眼前的事全力付出。

上了高中之後，我沒有繼續踢足球，在新環境裡十分辛苦地尋找自己的定位。書讀不好，也不受女生歡迎，沒有任何可取之處，完全無法受到別人認同，對於這樣的自己，當然毫無自信可言……。

在那段期間，我覺得我和朋友以及前輩們每天使壞時，才能找到自己的歸屬。心想「像我這種一點優點也沒有的人，放學後還能像這樣有人邀約」。換句話說，我總是和其他人成群結伴，讓自己沉浸在這樣的氛圍當中，覺得這樣就能得到歸屬感。

直到被停學、在家反省，不得不一個人獨處之後，我才開始意識到，過去的我太努力想在眾人之中找到歸屬感了。

「我是誰」、「真正想做的事情是什麼」、「想過著怎樣的人生」，獨處的時間讓我有很好的機會去思考這些事情。

從那次經驗中，我將獨處時間定位成每日行程最重要的事項之一。

現今是一個在工作或私領域都可以讓自己無比忙碌的時代。找事情消磨時間是很容易的事。但是你若總是像這樣思考外在的事情，就會沒時間與自己面對面。

究竟你想要描繪出怎樣的未來呢？

自己每天努力不懈的事情，真的對自己很重要嗎？

我們都會依據自己所在之處，使用不同的人格面具。你能夠保留時間脫下這些面具嗎？

你會不會隱約覺得，每天面對眼前的工作全力以赴的自己，和原本「想成為的自己」之間，產生差距了呢？

如果是這樣的話，我建議你要積極保留獨處的時間。

假如努力付出，卻無法讓你進一步更接近想成為的人，你最好要在某個地方停下腳步。就算努力過後得到了某些東西，卻離理想越來越遠的話，這可就本末倒置了。

試著問問自己，能不能保留與自己面對面的時間。

努力必有回報的人，經常會正視自己理想中的模樣。而且當你覺得現在努力的方向可能沒有朝向那裡的時候，就會修正軌道。

你可以在睡前回顧這一整天的情形，你也可以早點起床保留獨處的時間，讓自己有時間好好思考一下，說不定這是一個讓你減少白費力氣的機會。

第6章

開創未來的
生活習慣

39

努力

必有回報的人**感謝現有的一切，**沒有回報的人**不滿足現狀。**

在平凡無奇的日常生活中，有很多事情值得我們感謝。

像是今天也能迎來神清氣爽的早晨，身體健康、可以大快朵頤美味的食物。認真細數也許不能盡數，但是你會對家庭、工作及私領域，感謝你現有的一切嗎？

努力必有回報的人，經常擁有一顆感恩的心。可說他們都十分「知足」。這並不意味著你凡事滿足於現狀而停止自我提升。而是對現在身邊的一切保持感恩的心，持續追求自己做得到的事。

另一方面，努力沒有回報的人總將滿腹牢騷掛在嘴邊。「但是」、「可是」就是他們的口頭禪。

舉例來說，看到半杯水的時候，有的人會不滿地表示「只有半杯的水」，有人會覺得「還有半杯的水」。

今天會覺得「只有半杯水」的人，到了明天也不會改變想法為「還有半杯水」。換句話說，如果你不能感謝現有的一切，想必明天也無法擁有一顆感恩的心。總而言之，你只能改變對事物的看法。

加州大學戴維斯分校的羅伯特・埃蒙斯（Robert A. Emmons）博士等人，做了一項關於「感謝日記」的研究。研究發現，每天能夠找出一些感謝的事情，無論大小事，並將這些事情寫在日記中的人，在他們的「心理狀態」、「身體狀態」、「人際關係」等各方面，都會產生有益的效果。

最後會讓他們對自己充滿自信，更善於社交，並且寬容地對待他人。

哪怕是小事也要心存感激。不要聚焦在不滿足的地方，而要感謝你現有的一切，才容易讓自己對每一天感到樂觀積極，而且人際關係也會改善。對他人保持感恩的心，就會讓你出現這樣的轉變。

透過對周遭的各種行為舉止充滿感謝，你會體認到自己並不是一個人生活在世上。而且你也能夠感受到與世界產生連結。了解自己的弱點也會讓你懂得感謝，反之亦然，透過感謝也能讓你了解自己是因為周遭的一切才能生活下去。

埃蒙斯博士等人表示，感恩的心會改變我們對於負面事件的看法，有助於我們提升抗壓性及抗焦慮的能力。

在另一項研究中發現，讓患有失眠的人每天晚上寫感謝日記之後，僅僅一週時間，他們的失眠症狀便消失了，睡眠品質也獲得改善。一般認為，寫日記可以減少睡前的焦慮和煩惱，讓人可以獲得放鬆，順利入睡。

每天安排感恩的時間，充分表達每日的感謝，你就會發現還有許多感謝來不及表達。有時也會讓自己察覺到，原來已經習慣把小事視為理所當然了。

建議大家每晚保留五分鐘左右的時間用來寫感謝日記。列出重點就夠了。只要將紙筆放在面前，你就會知道必須寫點什麼。像這樣將時間空下來，你就會意識到自己能夠生活在這世上，都要多虧那些平時無法向他們表達「感謝」的人出現在我們身邊，以及他們每天為我們所做的一切。

例如家人和朋友，我們往往認為身邊會有這些人的存在是理所當然；有時也會覺得自己已經全力付出了，這些全都值得感謝。透過一天五分鐘的習慣，可以讓你產生樂觀的想法，擁有更美好的人際關係，你不覺得這樣很棒嗎？

在一天結束之際，花點時間回顧這一整天，找出值得說「謝謝」的事情。感覺努力沒有回報的時候，更應該發揮這種強大的力量。

40

努力

必有回報的人**向人傾訴內心痛苦，**
沒有回報的人**勉強自己假裝堅強。**

我們都是普通人，所以每天都會懷抱各種情緒。美好的一天就會讓人心情很好，可以積極投入各種工作，只是這樣的日子並不會一直持續下去。

焦慮、悲傷、沮喪、痛苦…等，有時候負面情緒也會占據一個人的心。尤其當你正在面對挑戰時，不如意的事情十之八九，這種時候往往會被負面情緒所影響。

幾乎可以保證會定期出現的負面情緒，你都是如何因應的呢？

除了持續努力之外，如何渡過這段時期將成為一大重點。任何人肯定都想盡快解決負面情緒。

我認為努力必有回報的人，都善於控制情緒。

他們會接受負面情緒，並且巧妙地讓自己擺脫負面情緒。

但是努力沒有回報的人，過於想要掌控負面情緒，導致負面情緒更加惡化。他們一板一眼的個性總想著必須快點讓自己重新振作起來，不想讓自己滿臉憂傷，所以反而會把自己逼得太緊。

心理學上有一種現象稱作**反彈效應（Rebound Effect）**。當你沮喪、痛苦、悲傷時，即便你勉強裝作開朗的模樣，反而會讓負面情緒增強。越是逃避負面情緒，注意力越會集中在負面情緒上，想必這種經驗你也有過吧？

應該有人聽說過「**白熊效應（White Bear Effect）**」一詞。美國的心理學家丹尼爾·韋格納（Daniel Wegner）做過一項實驗。他讓三組參與者觀賞白熊的影片後，分別向各組提出下述要求。

請第一組參與者要記住白熊。

請第二組參與者可以不必想著白熊。

請第三組參與者絕對不要想著白熊。

間隔一段時間之後，他再問每個小組分別對白熊的事情記得多少，結果第三組的人記得最清楚。

提醒自己「不要去想」，在刻意避免之下，反而會去想。工作上犯下嚴重疏失而心情沮喪，或是私生活中因為失戀而感到十分痛苦時，越是想要掩蓋事實，就越會想到這件事。有過這種經驗的人應該不在少數。所以**隱藏負面情緒，反倒更會助長這種情緒。**

控制情緒最好的方法，就是接受情緒而不要視為「壞事」。

悲傷時就要完全沉浸在這種悲傷的情緒裡，難過時就要接受難過的心情。這就是你的首要之務。

接下來你要坦誠地將自己的心情及感覺告訴別人。

不要壓抑情緒，而要發洩出來。

即便是微不足道的情緒，也務必在不斷累積後，待爆發之前先發洩出來。

和其他人聊一聊，將積累已久的悶悶不樂向外傾訴，心靈就會得到淨化。交談之後，你就能具體了解悶悶不樂的真正原因為何。想讓自己盡快放鬆下來，最重要的就是不要一個人承擔，而要說出來給別人聽。

就是因為我們很努力，才會不自覺地想要馬上看到成果，遇到不順心的事情時，很容易感到焦慮。

但是，人生不如意之事在所難免，我們無法也不需要勉強自己逃離負面情緒，而是先坦然接受它。並且要將自己目前身處的狀況及心境，坦白說給能夠信賴的朋友及家人聽。如此一來，你的內心肯定會輕鬆許多。

別再一個人承擔，一味堅持「必須盡快行動才行」了！

努力 41

必有回報的人**早起曬太陽，**沒有回報的人**熬夜擾亂大腦步調。**

從早上起床到離開家門為止，你有固定的生活習慣嗎？

早上你會將窗簾打開，讓陽光充分照進屋內嗎？

起床後在三十分鐘內曬曬太陽的話，可活化神經傳導物質，分泌出一種名為「幸福賀爾蒙」的血清素。

我在起床後做的第一件事，就是將每個房間的窗簾完全打開，營造出一個陽光會照射進來的環境。即便是陰天、下雨天，也一樣有效。

接下來我會沖個澡，再喝杯紅茶或咖啡，這樣就能讓我的引擎全開。

就是這一連串的流程，構成了我的一天。

早晨的陽光會促進血清素分泌，讓心情穩定並感到幸福。

另一方面，在褪黑激素這種賀爾蒙的作用之下雖然會讓我們昏昏欲睡，不過大量分泌這種褪黑激素對於優質睡眠在在不可或缺。

而這種褪黑激素的原料，正是血清素。

幸福賀爾蒙——血清素，自傍晚開始才會轉變成「睡眠賀爾蒙」的褪黑激素。因此早上要沐浴在陽光下，利於分泌出血清素，也就是褪黑激素的原料。

換句話說，缺少血清素的人，褪黑激素也會變少。於是到了晚上還是不容易產生睡意，所以才會遲遲睡不著。

早上讓血清素充分地分泌出來，晚上才會好入睡，進而獲得良好的睡眠品質。

所以我在早上起床後，第一件事就是打開窗簾，同時打開窗戶，讓新鮮空氣進入房間。

起床後不久便刻意讓自己沐浴在陽光下，也容易讓大腦和身體神清氣爽地清醒過來。

努力必有回報的人，都知道迎接美好的早晨，就能帶來美好的一天，所以才要努力提升晚上的睡眠品質。

反觀努力沒有回報的人，起床時不管身體或大腦都會感覺十分沉重，迎來一個痛苦的早晨。他們在這一天會很難啟動引擎，出門時還會覺得「今天一樣欲振乏力」。

早上沐浴在陽光下可以促進血清素分泌出來，所以當這種血清素分泌不足的話，多巴胺的分泌量也會不夠。

如果無法分泌出充分的多巴胺，你就無法得到動力及幸福感，你的想法也不會變得樂觀進取。

據說當一個人分泌出足夠的多巴胺，注意力就會提升，凡事都容易有所進展。

你在早上會有一套例行公事嗎？

早上好好地曬曬太陽，不但能幫助你的情緒變得樂觀積極，而且也有助於提升晚上的睡眠品質。

當你睡醒之後，第一件事不妨打開臥室的窗簾，沐浴在陽光下吧！

早上讓自己的引擎全開，利於展開充滿幹勁的一天，你就能利用早上規畫一個生產力十足的一天。

42 努力

必有回報的人**善於停損，**
沒有回報的人**因捨不得而持續虧損。**

「都已經千辛萬苦走到這裡。」

「忍耐到這個地步，若中途放棄實在可惜。」

在這種事事不順或是你無法接受的情況下，你會不會躊躇不決而無法再堅持下去？這種情況就是你在猶豫是否該停損了。

停損是一個投資術語，意指將損失控制在最小範圍內，在損失金額少的階段進行處置。當購入的股票價格下跌時，要再進一步往下跌之前，賣出持有的股票，將損失控制在較小的範圍內。

一般常說投資股票最重要的就是停損。不懂得停損的人會繼續持有股票，心想「再等一段時間，股價應該就會回升」。結果往往股價大跌，損失反而更大，最後賠上一大筆錢。

在日常生活中，如果你不懂得停損的話，也會損耗你的人生。

「好不容易忍耐到現在，如果就這樣放棄抽身的話，實在很可惜」，當你心裡出現這種想法，便會繼續忍耐下去。

但是努力必有回報的人，都善於停損。

遇到事情進展不順利的時候，他們會果斷承認這個事實，接受面臨挫折的自己，再踏出下一步。

就和剪去植物上的枯枝敗葉一樣。當你在白費力氣想要敗部復活時，如同枯萎的枝葉恐導致整株植物變得脆弱或染上疾病。明知道行不通還是堅持做下去的話，可能會連累其他進展順利的事情。還不如快刀斬亂麻，不要執著於枯萎的枝葉，只要果斷修剪，就會重新長出來。

反觀努力沒有回報的人會「堅持初衷」，凡事都會貫徹始終。明知道這麼對自己來說並非好事。然而，貫徹始終已經變成一個目標，才會沒有察覺到這麼做會離「理想中的自己」越來越遠。

大家有聽說過「**沉沒成本效應（Sunk Cost Effect）**」一詞嗎？

我們每天都要做出一連串的決定，但是要做出關於未來的決定時，不去考慮過去付出了多少努力，或是花費了多少時間，只考慮「這件事今後是否值得堅持下去」，這麼做才是合理的判斷。

但是人卻總會做出不合理的選擇，明知道堅持下去會導致未來造成損失，還是會覺得「可惜」而繼續做下去，因為捨不得到目前為止所花費的金錢與精力。

俗話說「以柔克剛」，如果一座橋樑建造得十分堅固，受到衝擊時就會立即斷裂。因此要建造成韌性佳的抗震橋樑，才足以承受大水的衝擊。

對於任何人來說，要放棄「千辛萬苦努力到這一步」的成果，都會令人很難受。但是無論時間或是精力都是有限的。**如果你無法在有限的時間和精力中，決定自**

己要做什麼或是不做什麼的話，你的人生很快就會完全淹沒在不重要的事情裡。

別太頑固，你要找到一個明確的逃生出口，告訴自己「努力到現在如果還是不行就該放棄」。

這是非常勇敢的一件事。試著將焦點放在承認失敗的勇氣上，以及從挑戰中學到的一切。

你要設定嚴格的界設，譬如「九十天後無法做到這個地步就要放棄」，這樣你才不會猶豫不決，難以割捨不順利的事情。

此外，對於你堅持到現在的事情，建議你捫心自問，讓這件事貫徹始終有何意義？肯定會有一些事情，你感覺不太對勁卻又繼續做下去。希望你要好好想一想，堅持下去對自己來說是否會感到幸福。

努力 43

必有回報的人**視時間改變作戰方式**，沒有回報的人**與午後一點的惡魔奮戰到底**。

午餐後接著開會或上課時，光是坐著就讓人費盡全力，相信這種情況十分常見吧？

心裡十分清楚「必須集中精神」、「不可以睡著」，卻還是被睡魔打敗。即便坐在辦公桌前，仍頭腦昏沉、完全沒有進度，即使想工作也做不了什麼事。

原本打算利用午休時間恢復體力好好面對下午的工作，結果卻適得其反。即便你想在這段時間努力完成棘手的工作，還是很難集中精神。反而多數人都會對工作無法如願進展的自己感到失望。

另一方面，卻有一段時間是容易集中注意力的，只要在這段時間內努力去做需要集中精神的工作，工作就會進行得很順利，還會讓你感到很充實。

所以努力必有回報的人，都會盡力規畫「執行時間」，安排一天的行程。**只要改變「執行時間」，成果及效率就會出現翻天覆地的變化。**

反觀努力沒有回報的人，即便在想打瞌睡的時間或是感到疲勞而難以集中精神的時候，還是想努力完成需要集中注意力的工作，結果工作無法順利推動，讓自己備感壓力。

相信大家也都知道，**一般認為早上起床後的兩、三個小時為大腦的黃金時間，**大腦在這段時間最能夠活躍運作。

而且前一晚的睡眠是大腦在整理思緒最重要的一段時間，因此大腦思緒最為井然有序的時間就是早上。

所以在這段時間進行充滿創造力的工作或是需要專注力的事情，甚至是讀書都會十分順利。

首先要將十分重要，並且需要專注力的事情安排在這段時間去做。

儘管如此，專注力也會隨著時間而下降，還會感到肚子餓。我們畢竟是人，這些都是生理現象，在所難免。

此外，還有午餐的問題。如果你在午餐攝取了大量的米飯、麵包、麵條等醣類，血糖就會上升。尤其早餐沒吃的時候，血糖會急速飆升。雖然你暫時覺得能量得到補充，但是體內從胰臟大量分泌出用來降低血糖的賀爾蒙，也就是胰島素，身體會拼命地想要快速使血糖下降。

最後為了使血糖下降，於是變成低血糖狀態。這樣會導致情緒焦躁、充滿睡意，陷入一種無法隨心所欲掌控自己的感覺。

所以為了避免在正中午和自己抗戰，其中一種做法就是午餐減少醣類攝取。

不過像這樣變得想睡覺是很正常的事，所以你必須好好想想如何運用正中午的這段時間。

只要能克服這段時間，你的專注力大概過了午後三點就會再度恢復。

雖然專注的程度不如早上，但是這段時間會使你容易將時間花在需要專注力的事情上。你可以充分運用這段時間，以推動工作和學習進度。

我在大學裡上課或演講時，都會根據不同時間調整內容。

如果是正中午，就會看到大家努力與睡魔奮戰的模樣。所以我不會叫大家「撐下去！醒一醒！別睡著！」，而會讓大家與隔壁的人互動，或是進行小組活動，增加刺激以調整教室的氣氛。因為拼命抵抗睡意的人最後睡著的話，真的會讓人很難過。

首先要請你試著自我分析看看。

確定自己在哪段時間會高度專注，哪段時間難以集中精神。

這段時間會因人而異，所以最重要的，就是先掌握自己的狀況。

接下來，**要在「必定會有難以專注的時間」此一前提下，思考一下何時該做什麼事情。**

畢竟勉強與自己奮戰，不能稱為好好努力。

44

努力

必有回報的人**讓直覺變成正確答案，**
沒有回報的人**總是難以抉擇。**

碧姬・芭杜（Brigitte Bardot）是巴黎出身的女演員兼模特兒，她說過一句話：

「重要的不是你選擇了哪條路，而是如何活出你選擇的那條路。」

我們的每一天都是一連串的選擇與決定。

在做選擇的當下，沒有人會知道「正確答案」。坦白說到現在，有些事情你還是不知道當時所做的決定是否為「正確答案」。

說不定在做選擇的當下根本沒有正確答案。自己是否真的選擇了正確答案，恐怕到死為止，甚至在你去世之後，還是不會知道。

既然如此，或許在你的人生中除了自己選擇、自己深信這個選擇就是正確答案之外，沒有其他方法可以選出正確答案。

所以這時候最重要的，就是**自己做選擇。**

即便你選擇了大家公認的「正確答案」，或是請別人選出「正確答案」，也沒有人會為這個選擇承擔責任，所以你應該選擇自己認定的正確答案。

就算是原本應該有能力自己做選擇的人，還是會養成隨意尋求正確答案的習慣，無法自行做決定，才會導致許多人因此受苦。

我認為這是因為從小就沒有獨立思考、自己做選擇的習慣。而且現在上網就能找到任何資訊，讓人覺得花很多時間就可以努力避免失敗。

然而，卻沒有人知道，這個是否就是「真正的答案」。

況且重要決策的答案不應該會出現在網路上。反而是自相矛盾的資訊氾濫成災，有時候根本不知道該相信哪一個。

更重要的是，當每個人都表示肯定時，我們也必須去判斷這件事是否真的正確，而且我認為我們應該相信自己，並且由自己做出決定。

努力必有回報的人都明白這點道理，所以他們做判斷的速度也很快。

大家有聽說過「第一盤棋理論」嗎？

根據一項研究指出，下棋時思考五秒的走法，與花三十分鐘想出來的走法，百分之八十六都是一樣的。也就是說，**花很長時間想出來的結論，和直覺幾乎一致。**眾所周知，軟銀的孫正義先生也支持這項理論。

將棋棋手羽生善治先生也表示，「百分之七十的直覺是正確的」。這並不是凡事瞎猜導致的結果，而是許多經驗和想法的累積所形成。所以我認為每天自己做選擇，好好提升這種經驗值是很重要的一件事。通過反覆的嘗試錯誤法來磨練直覺。正因為不可能凡事一帆風順，所以最重要的就是不斷累積獨立思考再下判斷的寶貴經驗。

足球前鋒必須在瞬間一決勝負，所以他們在球門前的直覺十分敏銳。雖然不知道原因，但是他們人在那裡就會踢進決定比賽結果的致勝一球。不過這些直覺全是依據經驗及思考而來，我認為絕非偶然。

我們必須做選擇，因為未來充滿不確定性。包含了很多的可能性。我們不知道會不會下雨，所以要決定是否帶傘出門，畢竟沒有已經決定好的未來。

請你試著一次又一次地為自己做決定。

誠如前文所言，比起眼前的成功或失敗，我們更應該用長遠的眼光來思考人生。**從長遠的角度來看，相較於事情是否一帆風順，自己做決定或是交給別人做決定，對人生造成的影響更大。**

而且我們在做出選擇之後，要努力讓自己選擇的道路堂而皇之地變成正確答案。即便在短期內看起來，可能會覺得自己做錯了某些事情。但是你只要保持從中學習的態度並繼續努力的話，相信總有一天你會知道那就是正確答案。

45

努力

必有回報的人為自己設定簡單目標，沒有回報的人為自己設定困難目標。

「知道非做不可，但就是提不起勁。」

充滿熱忱的時候，凡事都會進行得很順利，但是當你覺得很疲勞，缺乏動力時，真的很難提得起勁。

這實在讓人無可奈何，只能先接受這種情形。

除此之外，還必須確認會不會在行動之前導致心理障礙加劇。

阿爾弗雷德．阿德勒（Alfred Adler）認為，「設定過高的目標是讓人喪失動力的要因」。事實的確是如此，當我們設定了太高的目標，就會在開始行動之前，覺得「這件事很困難…」、「而且今天的天氣也不好…」，於是藉故推遲不是嗎？

舉例來說，雖然你計畫「一天要讀一本書」，卻又覺得「今天有點累…」，於是將計畫往後延。雖然你打算「每天慢跑十公里」，但是心想「快要下雨了，應該先暫停比較好……」，結果便作罷，我想你會屢屢出現這樣的感覺。

畢竟把自己逼到極限，事情並不會因此有所進展。一個人充滿幹勁的時候，會不假思索地全力以赴。即便在雨中跑步，也會感到心情愉悅，覺得「我現在的努力是很有意義的」。

當你無法如願充滿動力的時候，此時最重要的就是不要讓自己有太高的心理障礙，反而應該先想辦法降低障礙。

如果一下子要你跳箱「挑戰十層」高度，你一定很害怕。一開始應該降到可以跳過的高度，然後再逐漸增加跳箱的層數。

一個人遇到不想做的事情，只要開始去做了，就會越來越有動力地繼續做下去。有一個名詞稱作「**作業興奮**」，當你開始工作之後，你的動力就會隨之而來。譬如打掃，當你打算大掃除的時候，起初整個人還是興致索然的感覺，隨後開始整理身邊的兩、三樣東西之後，竟發現自己已經花了好幾個小時在打掃了。說完「我要斷捨離！」後，甚至連沒有打算整理的舊衣服也裝進袋中，指的就是這種情形。

努力必有回報的人，在缺乏動力的時候，也能好好控制自己。所以當他們在設定行動目標時，首先會以規模小的行動為目標。

每次我在寫稿子的時候都會設定目標，比方說「今天要寫二十頁。連續寫十天之後就能完成一本書！」，但是也會隱約發現自己開始找藉口說：「也許沒辦法寫這麼多頁⋯」、「可能會想不出想寫的內容⋯」等等。

因此我寧願調降行動目標，變成「先將想到的內容用兩、三句文字表達出來」。像這樣開始創作之後，就會發現「這件事讓我聯想到那件事」、「這件事也能寫下來」，回過神後竟然已經寫了好幾個小時。

但是有一件事，大家千萬不能誤解，譬如「明年要考取那個困難證照」或是「半年內要瘦十公斤」，設定這種崇高的目標本身並不是壞事。

只不過想要達成這些目標，必須設定每天應該完成哪些事情。並不是許下心願，願望就會自行實現。

我在設定目標時，習慣先想像自己達成目標之後的模樣，所以會讓我充滿動力。在這種情況下，我將每天應該完成的事情，設定在充滿動力的狀態下才能做到的程度，例如「每天讀書三小時」，或是「每天上健身房一小時」。

這裡會出現一個陷阱，而且通常備感挫折的人都不了解這一點。他們會認為沒有盡力而為的自己很糟糕，更使自己陷入惡性循環當中。

「千里之行，始於足下」意指想要實現遠大的目標，需要每天不斷的累積。如果被自己的目標擊垮的話，可就本末倒置了。試著為每天該做的事，設定簡單的目標吧！然後確實地一步步前進。只要能向前邁出一步就行了。你要循序漸進，好好提升自己的動力。

46 努力

必有回報的人**樂於反抗，**
沒有回報的人**屈服周遭聲浪。**

「反正行不通！」
「不如放棄吧！」

很多人會對沒做過的事說一些不負責任的話。而且只要事情有些不順利，有人就會說「我不是早就提醒你了」。

努力必有回報的人，會果斷接受周圍的人都是如此，不管聽到任何言論都會相信自己。誠如前文所言，即便失敗了也可以從中學習，而且你若不揮棒，根本打不出安打或全壘打。

努力沒有回報的人，則會因為周遭言論而心生動搖，無法堅持到底。如果不能馬上看到成果，就會心想「果然如大家所言」而決定放棄。

不過做事不順，是很正常的事。

即便是職棒裡的一流打擊者，打擊率也只有三成。縱使是世界頂尖的前鋒，射門得分率也不到三成。最優秀的球員也無法完全百發百中，這些人的失敗率反而更高。

就連「優衣庫」的創始人，迅銷公司的柳井正先生也說過：「開始十項新事物就會有九次失敗」（《一勝九敗》新潮社出版），他認為不順利的時候，只要撤退就行了。畢竟無論你多努力去面對任何挑戰，失敗的機率永遠不會是零，而且目標越高，失敗的可能性就越高。

我在高一的學業成績很差，全國模擬考的偏差值只有三十。我上的那所高中，大學升學率在百分之五十左右，就算要恭維也稱不上是好學校，憑我上課的普通科課程，過去幾年都沒有人應屆就考上同志社大學。所以當初我以同志社大學為目標時，除了導師及升學就業指導老師之外，更受到同班同學的冷嘲熱諷。

我在學校裡並不是成績突出的學生，臨近大考前的模擬考也只考到D，所以大家會這麼想也是無可厚非。「你應該考不上，所以重考也無妨」，導師直到最後一刻，還是一直這樣安慰我。

但是在我心中，卻自有勝算。因為我將考古題分析得很透徹，所以模擬考只不過是模擬考，我深知這和實際的考試趨勢不同。

當初我決定以劍橋大學研究所為目標時，也是如此。我周圍有很多人英語比我好的人，也有很會讀書、成績十分優秀的人，當時經常有人嘲笑我：「你是認真要考劍橋嗎？」

但是仔細想想，會說這種話的人，都是「沒做過的人」。如果是最近挑戰過一樣的事卻進展不順利的人，當他跟我說「依你目前的條件會很吃力」的話，還算有說服力，但是沒做過的人根本沒資格評斷你會如何。

有些人把生意不好歸咎於景氣或其他因素，但是那些生意興隆的公司還是十分順利。**怪罪其他事情並不會讓你學到任何東西，你必須經常思考怎麼做才會順利，否則你將一無所獲。**

因為這世上只有兩種人：找藉口的人，還有找方法的人。逆風襲來時，以此為藉口是件簡單且輕鬆的事，但是你會不會覺得，這不是你要的人生呢？

飛機少了空氣阻力便無法飛行，有了阻力才能高飛。

我喜歡挑戰新事物，所以不管我多麼努力，偶爾還是會聽到周遭的冷言冷語。雖然聽了覺得無可奈何，但是我認為唯有這樣的逆風，才能成為自己高飛的力量。

好好地將這些聲音化為力量吧！

最重要的是你要相信自己，直到這些努力得到回報為止。

努力 47

必有回報的人不斷累積WHO，沒有回報的人著重於WHAT。

「如果你想做正確的事，就要讓自己變偉大。」

這是在日劇《大搜查線》中登場的資深刑警——和久平八郎的名言。身為主角的年輕偵探青島對組織感到不滿時，他就會說出這句話。

許多努力付出的人都有一些信念，比方說「這件事最重要的就是這麼做」、「必須這麼做才行」。

但是這種信念卻無法被周遭理解，因此感到十分痛苦。

當然「說出來的話」非常重要，只不過，當你要引領團隊、帶動眾人時，單靠這些是不夠的。因為一個人過去達到怎樣的成就，或是怎樣的人，他所說的話就會有不同的份量。

每天渾渾噩噩的人，即便他跟你說「再努力一點，夢想肯定會實現」，還是不具任何說服力。反之，當你十分尊敬的實業家說了同一句話，你肯定會肅然起敬。

如果上司只是口頭上告訴你「多加把勁，就照這樣做」，你會覺得很反感，但是聽到自己率先行動的領袖人物這麼說的時候，你就會欣然接受。

當然事情太不合理或是無法接受的話，難免令人感到質疑，但會因為是誰口中說出來的話，使得可以接受的範圍出現極大差異。

思考如何帶動眾人時，你必須努力贏得對方的信任，而這部分就是每天累積的結果。

「那個人都說話了，只好這麼做。」

「那個人都這麼說了，只能試試看。」

最重要的就是讓別人出現這種想法，因為這種習慣性的言行舉止才有說服力。

史蒂芬．理查茲．柯維（Stephen Richards Covey）博士在《與成功有約——高效能人士的七個習慣》一書中，為大家介紹了如何增加「**信賴餘額**」的方法。所謂的信賴餘額就像存款，只要在帳戶裡存錢，餘額就會增加；領錢的話，餘額則會減少，經營人際關係也是相同的概念。

當你想讓別人聽你說話時，如果你的信賴餘額不足，對方就不會認同你。這意味著你必須努力累積餘額。

換句話說，即使別人要求你做同樣的事，有時你會心想「既然那個人都這麼說了」，有時你則會想說「那個人說的話有待考慮」，這就是在WHAT的基礎上，還有WHO的存在。

在這當中，每天累積「重視芝麻小事」、「信守承諾」等習慣猶為重要。小失禮、不友善和麻木不仁，都會使信賴餘額減少。

此外，信守承諾與不信守承諾，對於信賴餘額造成的影響會出現巨大差異。如果無法信守承諾，你和對方的信賴關係就會比以前降級。

努力必有回報的人，重視日常的芝麻小事，因為他們深知每天不斷的累積會在緊急時刻帶來極大力量，尤其是在帶動眾人的時候。

另一方面，努力沒有回報的人會試圖在一瞬間，竭盡全力完成一件事。

過去完全沒在讀書的我，突然表示「想去上補習班努力考大學」時，父母並沒有馬上答應我。以前我討厭讀書到三不五時蹺課，現在要他們花大錢投資在我身上，當然很難讓他們接受。他們會覺得我只是一時心血來潮才會這麼說，這也是在所難免。

因此我為了讓父母答應，開始用自己的方式努力讀書。後來父母看到我這副模樣，才敢點頭答應並且問我：「既然你那麼認真讀書，要不要考慮去上補習班？」

誠如我在文章開頭提到的 WHAT，說出來的話非常重要，但在這個基礎上有 WHO，是誰在說這些話。「明明說的是好事卻沒人想理解自己」、「沒人要聽自己說話」，當你有這種感覺時，不要再強行堅持下去，而要試著每天好好努力不斷累積信賴餘額。

努力 48

必有回報的人**虛心接受建議，**沒有回報的人**放棄支持的力量。**

聽完別人的建議之後，你會怎麼做呢？你會先按照建議試過一次嗎？

通常，你會向別人尋求建議，肯定是事情無法如你所願的時候。如果一切順利讓你很滿意的話，你也不會想要尋求別人的建議。

換句話說，雖然你用自己的想法試著去努力過了，卻感覺某些地方總是不太對勁。當成果不如你的預期。這種時候你可能就會尋求建議。

儘管如此，許多尋求建議的人，卻不會好好聽從建議。

如果你是向成功的人尋求建議，你應該坦誠接受建議並直接嘗試看看，然後再從中判斷即可。但是我發現許多人在按照建議嘗試之前就先踩煞車，最後還是堅持自己的做法。

儘管起因是自己的做法並不順利才會尋求建議，卻不聽從建議而在最終決定採取自己的做法。正因為努力的方向是錯誤的，才會又回到相同的地方。我認為這根本是在白費力氣。

以往很多人也向我尋求建議。我會盡可能站在對方的角度提出建議，但是看到他們接下來的行動，有些人我會想為他們加油，但有些人我根本不想支持。

最好的做法是聽從建議去做看看，你就會發現「照建議去試過之後真的一帆風順」，不過肯定也會出現「照建議去試過之後卻事事不順」的例子。

但是對方照建議做了之後卻不順利的時候，我就會耿耿於懷，「希望他的事情一切順利、想要一起思考下一步行動」。這種人就是我會想要支持的人，直到事情進展順利為止。

另一方面，對於那些不聽取建議的人，當對方尋求更多建議時，你應該會覺得「反正對方也不會照做，視如己出也沒用……」，於是會失去支持對方的理由。

我有一些學員，他們在國外十分活躍。例如A同學雖然英文不好，卻打算出國留學，於是來找我商量。當時他的英文能力只有不到英檢二級的程度，想要留學還相差甚遠。雖然他大學畢業，專修科目卻是日本文學，對於英文完全不熟悉。可是他的英文能力卻在半年內突然提升，達到交換留學生的必需程度。出國留學之後，他也將想在外國工作的夢想化為現實，至今仍留在外國打拼。

A同學厲害的地方，就是他會坦誠聽從建議。

我告訴他：「只要每天持之以恆，從英文報紙上挑一篇文章，再提出自己的結論即可」，後來他每天持續努力練習。這麼做讓他的英文能力大幅提升，他的成功故事甚至還登上了雜誌。

成功的人與失敗的人之間最大的差異，並不是「努力的程度不同」，而是面對事情時「坦率的程度不同」。

參考書本也是同樣道理。當我們遇到某些課題時才會拿起這本書，許多人讀了書中的建議之後都有「恍然大悟」的感覺。但是會想到「不如去試試看」而實際付諸行動的人卻少之又少，在這個地方就會出現「差異」。

努力的方向不對導致進展不順利，總搞不清楚努力的方向。明明是遇到了這些課題才會去讀書，結果卻完全按照自己的想法去做的話，現實並不會改變。

當你覺得「就是這個人」，而打算向對方尋求建議時。不管對方提出的意見和自己的想法有多大差異，我還是建議你要暫且全部嘗試看看。

49 努力

必有回報的人**支持好的對手**，沒有回報的人**扯對手後腿**。

你有競爭對手嗎？

競爭對手的存在，除了在運動方面，甚至在工作及學習等各方面，對一個人的成長都會造成極大影響。

觀察頂尖運動員就會發現，經常與對手保持良性競爭的選手，就會不斷成長。「對方也很努力，所以自己也要更努力才行」，當你有這種感覺的時候，表示你處於很好的狀態。

但是當你想扯對方後腿，或是看到對方失敗會感到開心，看到對方獲勝則心生厭惡時，代表你總是與他人做比較，容易停止自我成長。

重點在於，你要了解自己對於競爭對手的存在有何感受。

當然努力必有回報的人屬於前者，努力沒有回報的人則是後者。

當你有一個相互競爭的對手時，最重要的不是老拿自己和對方做比較，而是要能拿自己和自己做比較。

你在面對目標時，必須思考「應該怎麼做才能超越對手」，接著再反向推算，釐清自己應該做的事情。

據說心理學家諾曼．特里普里特（Norman Triplett）發現，在自行車比賽當中，與他人競爭的時候，會比一個人騎車計時的時間更快。其他人的存在會使表現變好這件事，在心理學上稱之為「**社會助長（Social facilitation）**」。

但必須留意的是，這麼做並不會經常使表現變好。

舉例來說，當你太在意那個自己難與抗衡的人，就會決定放棄，心想「反正自己終究做不到」。如此一來，當然會就此停止努力，失去堅持下去的動力。

大家應該聽說過「**心流（Flow）**」狀態一詞。

這是由美國克萊蒙研究大學的心理學家奇克森特米哈伊・米哈伊（Mihaly Csikszentmihalyi）所提出，是指一種非常專注的狀態。據說想要進入這種超專注狀態，自己所面對的工作難易度不能過低也不能過高，**關鍵在於合適的難易度。**

有競爭對手存在時，這個對手不能讓你覺得輕鬆就能超越，反過來說，如果你覺得對方實力和你過於懸殊，同樣無法看出效果。

能夠好好努力的人，不會瞧不起或嘲笑自己周遭表現不佳的人。對於那些展現絕佳成果的人，當然也不會在背後質疑「是否有哪些黑幕」。因為擁有一個好的對手，注意力就會一直放在對方身上，所以無暇去想到其他事情。

話說回來，如何才能找到保持良性競爭的對手呢？

其中一種做法，就是參加目標相同的人會群聚的讀書會或社群。

如果是相同業界的人，也許你只要觀察這些人如何努力與費盡心思，或是只要聽他們暢談，你就能獲得明天立即想嘗試看看的好點子。從這層意義來看，我認為能夠認識這些人的環境就非常重要。

以前我很不會讀書，我能夠改變這樣的自己，最重要的關鍵是我在班上找到一個稍微努力就能超越的對手，而且我想出書的時候，也是因為加入了擁有相同目標的人聚集的讀書會，讓我有朋友可以相互切磋的緣故。

會嫉妒某人成功的人，都是努力沒有回報的人。

努力必有回報的人會為競爭對手的成功而開心，並且專注於自己該怎麼做才能超越對方。

50 努力

必有回報的人**會說自己運氣很好，**沒有回報的人**輕易讓好運溜走。**

在各行各業中功成名就的人，都會異口同聲說「自己運氣很好」。而且坦白說，無論你多努力，因為運氣好壞而影響結果的情形不在少數。戶外運動就是一個很好的例子。不管你多努力練習，能否拿出好表現還是要取決於天氣。

有一位足球教練曾經說過這樣一句話：「無論你在練習時為比賽做了多少模擬訓練，還是會受比賽當天的天氣和球場氣氛所影響。很少能將訓練成果百分之百展現出來。」

我們無法控制天氣以及球場氣氛等狀況，所以從某方面來說，全憑運氣。儘管如此，努力必有回報的人都會受到好運庇佑。

他們理解凡事取決於運氣，並且覺得能得到好運庇佑。

他們是一個在任何情況下，都會說「自己運氣很好」的人。

就算發生了一般人眼中覺得很艱辛或很痛苦的事情，他們也會認為「這樣的程度還算運氣很好」。

發生在我們身邊的事情，並沒有好運和壞運的區別。不管發生什麼事，運氣好或不好取決於你如何看待。身邊發生的事情，對你的人生來說全都是有必要的。

在這當中會存在某些訊息，關鍵在於你要如何找出這些訊息，以及如何在未來活用這些訊息。

如此一來，你處理任何事情都能朝著樂觀的方向發展。

如此一來，好運就會站在你這邊。

即便發生只會讓人感到悲觀的事件，也可以找到你眼中的樂觀要素。無論發生什麼事，當你的看法改變之後，就能讓悲觀的事件也變得樂觀起來。

遇到棘手的狀況時，任誰都很容易出現「自己的運氣怎麼這麼差」的想法。

這種時候，**更要試著轉換想法，想想「自己真的很幸運，因為⋯所以⋯」**。單靠大腦無法想像的時候，不妨用言詞表達出來。你可以說出來，也可以寫在紙上。

「我真幸運。雖然我總是遭遇失敗，做什麼事都不順利，一直覺得自己只能這樣了，但是現在我知道真正在乎我的人是誰了。」

「我真幸運。雖然身體出狀況向公司請了一個禮拜的假，卻讓我有時間好好思考自己的未來。」

「我真幸運。原本想不透那個人怎麼會那樣說話，但是這讓我發現居然有全然不同的價值觀和想法。」

像這樣將看待事情的方式和接受事情的方式加以改變的做法，在心理學上稱作「**重新架構（Reframing）**」。用最簡單的說法解釋的話，就是「危機即轉機」的思維方式。

一直覺得「自己運氣很差」的人，在他們眼中是看不見光亮的，因為他們總是只能看見黑暗的部分。

如此一來，就會越來越覺得自己運氣很差。即使機會萌芽了，他們也不會察覺。

會說「運氣很好」的人，好運就會降臨到他身上。

雖然你做了許多努力，有時也不一定帶來成果，但是發生在你身上的一切，全都是為了你自己。時時告訴自己，無論發生任何事情：「我都是很幸運的人」。

【結語】

感謝大家讀到最後。

當初我會想寫這本書的動機，來自於我大兒子的暑假作業。

那時候他正埋首於數學作業，算了好幾次還是算錯，不停地唉聲嘆氣。我偷偷看了他的作業後發現，他列出來的公式根本不對，難怪算了好幾次還是無法得到答案。

儘管如此，他卻只想搞清楚計算過程中哪裡出錯，因此進退兩難。然而，他完全沒有注意到，在上一個步驟列公式時就出現問題了。

看到他這副模樣，我心有所感：「這種情形可以套用在所有人身上。」包含你在內，每一個人都很努力。

只是我見過許多人某處的扣子扣錯了，在這種無論多努力還是不會順利的狀況下，卻還是咬緊牙關說自己還不夠努力。

這本書就是要寫給那些全力以赴的人，提示他們往正確的方向努力。

你不必接受書中所有的提示。

如果從五十項提示中，有一條提示可以成為你改變思考模式的契機，我將備感榮幸。

究竟何謂努力？

這只是一種手段，並不是全部。

努力是一件很美好的事，但是不需要努力也無妨的話，那就不需要努力。

站在努力沒有回報的擂台上，咬緊牙關想著「不可以逃跑」，根本毫無意義。

人生並沒有你想像中的漫長，所以快樂地活著，選擇忠於自己真正想做的事情過日子，才更重要不是嗎？

必須鞭策自己努力去做的事情，真的只有那個方法可行嗎？
說不定，只是你不知道其他方法而已，容我將這樣的疑問丟給大家。

其實我自己也是每天不停地反省，很多事情我都想朝著這個方向邁進，試過之後發現成果卻不如預期。這種時候，歸咎於「不夠努力」是最簡單的做法。
但最重要的是，你必須懷疑「這樣是否真的是在好好努力」。

你是一個全力以赴的人，所以未來還是會遇到努力付出卻沒有回報的事情。你應該會感到迷惘，你一定會遇到。
碰到這種時候，你若能停下腳步拿出這本書，我一定十分欣慰。
請你用來當作一種檢查清單，重新檢視你的努力及人生。

最後我要感謝的是，能夠透過本書與你進行對話。
我也十分期待，改日有機會可以再次與你交流。

二〇二三年一月吉日

塚本亮

有技巧的努力，回報翻倍！

50 個贏家思維陪你做對選擇，工作、人際關係、生活從此不再精神內耗

作　　者　塚本亮
譯　　者　蔡麗蓉
內頁設計排版　關雅云
封面設計　木木 LIN
責任編輯　蕭歆儀

總 編 輯　林麗文
副 總 編　黃佳燕
主　　編　高佩琳、賴秉薇、蕭歆儀
行銷總監　祝子慧
行銷企劃　林彥伶、朱妍靜

出　　版　幸福文化／遠足文化事業股份有限公司
發　　行　遠足文化事業股份有限公司
（讀書共和國出版集團）

地　　址　231 新北市新店區民權路 108 之 2 號 9 樓
郵撥帳號　19504465 遠足文化事業股份有限公司
電　　話　（02）2218-1417
信　　箱　service@bookrep.com.tw

法律顧問　華洋法律事務所 蘇文生律師
印　　製　博創印藝文化事業有限公司

出版日期　西元 2024 年 1 月初版一刷
定　　價　380 元
書　　號　0HDC0085
ISBN：9786267311905
ISBN(PDF)：9786267311912
ISBN(EPUB)：9786267311929

國家圖書館出版品預行編目 (CIP) 資料

有技巧的努力 , 回報翻倍！50 個贏家思維陪你做對選擇，工作、人際關係、生活從此不再精神內耗 / 塚本亮著 ; 蔡麗蓉譯 . -- 初版 . -- 新北市：幸福文化出版社出版：遠足文化事業股份有限公司發行 , 2024.01
面；　公分
ISBN 978-626-7311-90-5(平裝)

1.CST：職場成功法 2.CST：生活指導

494.35　　　　112019112